海洋数据视图(ODV)用户向导

(版本 4.7.7)

[德]雷纳·施利策(Reiner Schlitzer) 编著

李茂林 陈 献 李庆红 译

海洋出版社

2021年·北京

图书在版编目（CIP）数据

海洋数据视图（ODV）用户向导／（德）雷纳·施利策
（Reiner. Schlitzer）编著；李茂林，陈献，李庆红译. — 北
京：海洋出版社，2021. 11
书名原文：ODV 4 Guide
ISBN 978-7-5210-0842-5

Ⅰ. ①海… Ⅱ. ①雷… ②李… ③陈… ④李… Ⅲ. ①海
洋学-数据处理-软件 Ⅳ. ①P7

中国版本图书馆 CIP 数据核字（2021）第 243248 号

责任编辑：高朝君
责任印制：安　淼

海洋出版社 出版发行

Http://www.oceanpress.com.cn
北京市海淀区大慧寺路 8 号　邮编：100081
鸿博昊天科技有限公司印刷　新华书店北京发行所经销
2021 年 11 月第 1 版　　2021 年 11 月北京第 1 次印刷
开本：850mm×1168mm　1/16　印张：10.5
字数：236 千字　　定价：98.00 元
发行部：010-62100090　总编室：010-62100034
海洋版图书印、装错误可随时退换

许可协议

下载或使用本软件，需要您同意遵守与阿尔弗雷德·魏格纳极地和海洋研究所（AWI）之间的法律协议。若您不同意本协议的条款，请勿下载或使用本软件。

1. 科研教学

海洋数据视图（ODV）软件可以免费用于非商业、非军事研究和教学目的。如果您使用该软件进行科学研究，请在您的出版物中标注海洋数据视图软件如下：Schlitzer R，Ocean Data View，http：//odv.awi.de，2016。

2. 商业和军事用途

对于商业或军事应用和产品，使用海洋数据视图软件或其任何组件，需要专门的书面软件许可证。请联系 E-mail：Reiner.Schlitzer@ awi.de 以获取更多信息。

3. 传播

未经 AWI 事先书面同意，不得在 CD-ROM、DVD 或其他电子媒体或互联网上传播 ODV 软件。请联系 E-mail：Reiner.Schlitzer@ awi.de 以获取更多信息。

4. 担保免责声明

ODV 软件按"原样"提供，不提供任何形式的明示或暗示保证，包括但不限于对适销性和适用于特定用途的隐含保证。软件质量和性能的全部风险由您承担。如果软件被证明存在缺陷，您应承担所有必要的维修、修理或更正的费用。

在任何情况下，AWI 其贡献者或任何 ODV 版权持有者均不对任何直接的、间接的、一般的、特殊的、惩戒性的、附带的或后果性的损害负责。用户由于使用或无法使用本软件（包括但不限于数据丢失或数据不准确或您或第三方相应的损失，软件无法与其他软件兼容或业务中断），ODV 版权方不负任何理论上的责任。

© 1990—2016 Reiner Schlitzer，AWI 研究所，哥伦布大街，27568 不莱梅港，德国。

E-mail：Reiner.Schlitzer@ awi.de

目　录

1 总体概述

海洋数据视图(ODV)软件是用于海洋学和其他关于地理剖面、轨迹或时间序列数据的交互式探索和图形显示的计算机程序。该软件适用于 Windows、Mac OS、Linux 和 UNIX 系统。ODV 数据和设置文件与平台无关,可在所有支持的系统之间进行交换。

ODV 让用户可以在廉价和便携式硬件上维护和分析规模非常大的数据集,可以很容易地生成各种类型的图形结果,包括高质量的站点地图、一个或多个站点的一般属性图、选定站点的散点图,沿任意轨迹的剖面图和一般等值面上的属性分布。ODV 支持通过彩色点、数据值或箭头显示原始的标量和矢量数据。此外,还可以选择三种不同的网格算法,对自动生成的网格进行估计,并允许沿着剖面和等值面进行着色和场轮廓标注;可以即时计算大量派生变量,这些变量可以像存储在磁盘上的基本变量相同的方式显示和分析。

ODV 4 基于面向对象的 C++软件代码,并克服了以前 ODV 版本的许多不足。为确保向后兼容,ODV 继续支持在 ODV 3 下创建的现有数据集和配置文件(现称为视图)。但是,所有新创建的集合现在都使用新的、兼容性更强的数据模型和内部存储格式。如前所述,ODV 数据集具有平台独立性,并可以在受支持的系统之间移植。新数据模型的新功能包括更灵活的元数据方案,支持无限数量的数据变量、用户指定的数据类型以及用于元数据和数据变量的自定义质量标记方案。

1.1 易于使用

ODV 设计灵活且易于使用。用户不需要知道内部数据存储格式的细节,也不需要编程经验。屏幕上总会显示可用站点的地图,用户可以使用鼠标选择站点、样本、剖面和等值面以方便浏览数据。ODV 绘图工具上的站点地图、数据窗口的布局以及许多其他视图设置都可以轻松修改,而最喜欢的设置可以存储在视图文件中供以后使用。

ODV 可以在造价低廉和便携的硬件上处理包含数百万个站点的超大型数据集,并且可以在新数据可用时扩展任何现有的数据集。凭借其丰富的绘图类型和灵活的交互式控制,ODV 极大地方便了数据质量控制,对于培训和教学也非常有用。

1.2 密集型数据格式

ODV 数据格式针对可变长度、不规则空间剖面、轨迹和时间序列数据进行了优化。它提供密集的存储空间，并允许即时访问任意站点的数据，即使在非常大的数据集中也是如此。数据格式非常灵活，可以接收来自几乎无限数量的站点、样本和变量的数据。ODV 集合的元数据和数据变量列表由用户在创建集合时定义。可以创建不同的 ODV 集合来存储各种不同数据类型的数据，例如剖面、轨迹或时间序列。

除了实际数据值之外，ODV 还为所有单个数值保留质量标记。这些质量标记可用于数据质量过滤，以排除分析中的错误或可疑数据。数值和质量标记可以被编辑和修改。所有的修改都会被记录下来，因此如有必要，可以恢复无意的修改。

1.3　可扩展性

ODV 允许将新数据轻松导入数据集，还可以轻松导出数据集中的数据。广泛使用的下列格式的海洋学数据可以直接导入 ODV 系统：

- ASC Ⅱ 电子表格数据；
- Argo 剖面和轨迹数据；
- GTSPP 数据；
- SeaDataNet 数据；
- . cnv 格式的海鸟数据；
- WHP 交换格式的 WOCE 和 CLIVAR 数据；
- 世界海洋数据库数据。

1.4　派生变量

除了存储在数据文件中的基本观测变量之外，ODV 还可以计算并显示大量派生变量。这些派生变量的算法要么在 ODV 软件中进行编码［位温、位密、动力高度（全部参考任意水平面）、中性密度、布伦特-维萨拉频率、声速、血氧饱和度等］，要么在用户提供的宏文件或表达式中定义。宏语言易于掌握并且通用，足以允许大量的程序应用。使用表达式和宏文件以获得新的派生变量可以极大拓展 ODV 的应用范围，并且可以轻松实验科学界尚未建立的新物理量。ODV 提供了一个内置的宏编辑器，可以帮助创建和修改 ODV 宏。

1.5　绘图类型

任何基本或派生变量都可以显示在一个或多个数据窗口中。此外，用户可以使用任何变量来定义等值面，如等深线、等密度线、等温线或等盐度线。通过找到这些变量的垂直导数的零值，可以将属性最小或最大层（例如中层水盐度最小层）选作等值面。

ODV 以两种基本方式显示数据：①通过将数据位置处的原始数据显示为用户定义不同大小［图 1-1(a)］的彩色圆点、数值或箭头；②将原始数据投影到等距或可变分辨率的矩形网格上，然后显示网格场［图 1-1(b)］。方式①产生最基本和准确的数据视图，并立刻显示偶然的不良数据值和不良采样区域。相反，方式②产生更好的图形并避免与方式①产生的彩色点重叠，特别是对于大尺寸点。然而，用户应该注意，方式②的网格场实际上是数据产品，在网格化过程中，数据的小尺度或极端特征可能会被改变或丢失。

对于这两种显示模式，ODV 允许将窗口数据和网格文件导出到 ASCⅡ文件或剪贴板供 ODV 以外的程序使用。

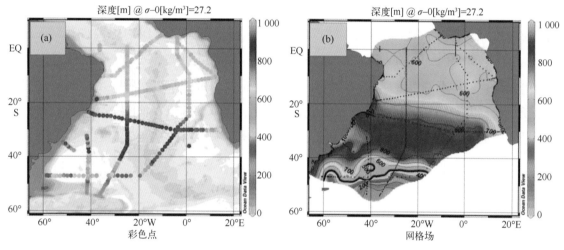

图 1-1　两种数据显示

除了标量场外，ODV 还支持显示向量场数据集，将 X 和 Y 方向的向量分量作为不同变量（图 1-2）。

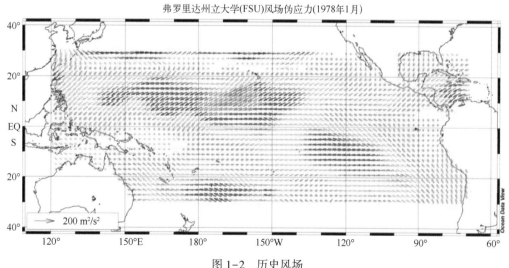

图 1-2　历史风场

1.6　窗口视图

ODV 应用程序窗口始终显示可用站点的地图。另外，用户可以定义无限数量的其他窗口来显示实际数据。每个数据窗口都可以有以下视图之一：站点视图、散点视图、断面视图或平面视图。每个窗口都有其自己的范围，并且不同数据窗口的范围可能不同。

1.6.1　站点视图

一个站点视图窗口（图 1-3）提供了一个 X/Y 图，只显示了地图选择列表中的站点数据。用户可以通过按"ENTER"键当前站点添加到选择列表，或者通过按"Delete"键将其删除。可以使用"map"菜单下"Manage Pick List"的"Edit Pick List"编辑站点选择列表。除此之外，还可调整每个单独选择的站点的图形样式。对于所有其他类型数据窗口，站点窗口允许在 X 轴和 Y 轴上分配任意数据变量（基本或派生的）。为了便于识别，选取的站点在地图上用与数据窗口中相同的符号和颜色标记。如果地图上的站点注释已打开，则选取的站点位置上也会标上站点标签。

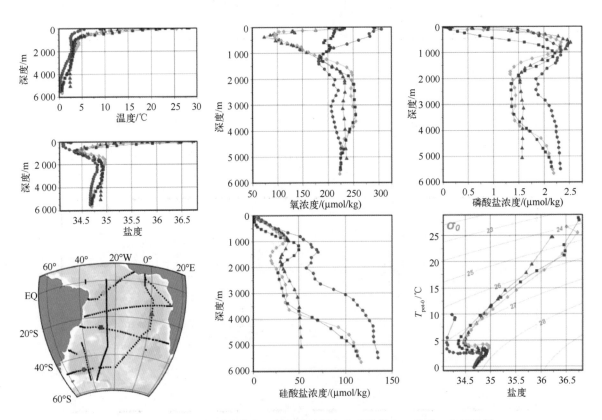

图 1-3　使用站点视图的带有正射投影地图和六个数据窗口的窗口布局示例
选取的站点在地图上标记以便于识别

1.6.2 散点视图

散点视图窗口(图1-4)显示当前地图上显示的所有站点的数据,可以浏览潜在的非常大的数据集。散点窗口对控制数据质量特别有用。与所有后续视图一样,除了 X 和 Y 上的变量外,散点窗口还支持 Z 变量。Z 变量的值决定了在给定 X/Y 数据位置绘制的颜色。可以用两种方式显示 Z 变量的图形(也适用于剖面和平面模式):①通过在 X/Y 位置处放置彩色圆点或实际数据值(默认);②根据观察到的数据估计连续网格场。网格场可以是彩色阴影和/或等值面。

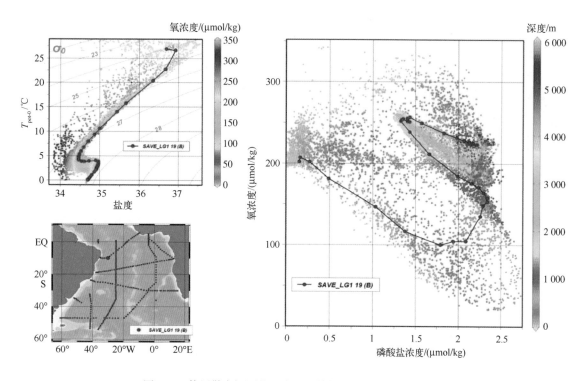

图 1-4 使用散点视图的具有两个数据窗口的窗口布局示例

一个站点的数据使用符号集图形对象高亮显示

1.6.3 断面视图

断面视图窗口(见图1-5)显示地图中当前定义的断面的所有站点的数据,例如红色断面内的所有站点。使用"map"菜单的"Manage Section"选项来定义或修改断面。断面窗口还支持 Z 变量和原始数据或网格场的显示。断面视图窗口对于显示沿给定轨迹的站点上的沿线属性分布或属性/属性图非常有用。

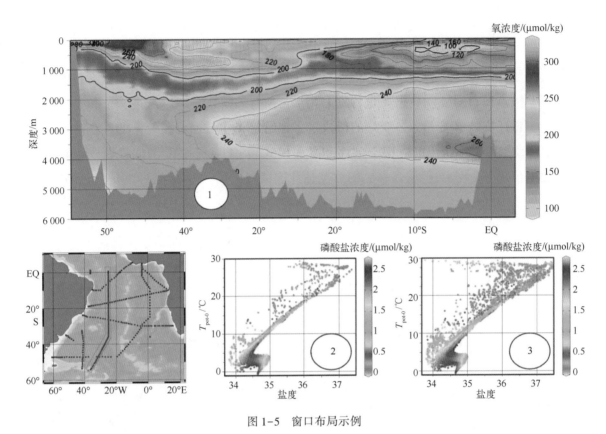

图 1-5　窗口布局示例

两个数据窗口，分别为断面（1 和 2）和一个散点数据窗口（3）；散点窗口 3 显示地图中所有站点的所有数据，而断面窗口 1
和 2 仅显示断面内的站点数据

1.6.4　平面视图

　　除了元数据和数据变量外，ODV 还定义了第三组变量——等值面变量。等值面变量在特定的等值面上提供给定数据变量的值（例如图 1-6 中的温度或深度）。等值面是另一个数据变量的恒定值的层，例如恒定深度或密度层。

　　平面视图窗口显示地图中所有站点的等值面值。平面窗口支持 X、Y 和 Z 等值面变量。如果将经度和纬度等值面变量分配给 X 轴和 Y 轴，则该窗口将成为显示所选 Z 变量的地图（见图 1-6）。这些地图数据窗口使用站点地图的投影和层数设置。也可以将其他等值面变量分配给平面数据窗口的 X 和 Y 轴，从而生成一般等值面变量相关图，可能使用另一个等值面变量作为 Z 变量着色。

　　地图数据窗口中的站点地图和数据分布可以绘制为全球中断地图（见图 1-7）。使用数据窗口的快捷菜单中的"Save As Interrupted Map"选项来生成中断地图的 gif、png、jpg、tiff 或 eps 图像文件。出现"中断地图属性"对话框，可以定义属性，如标题、版权信息以及是否包含北极和南极子窗口。颜色和等值面属性从父数据窗口继承。

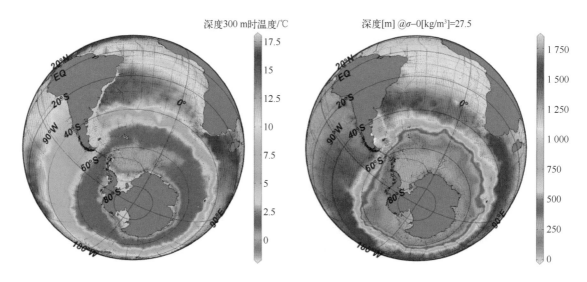

图 1-6　窗口布局示例

两个平面视图的数据窗口，显示等值面上的属性分布

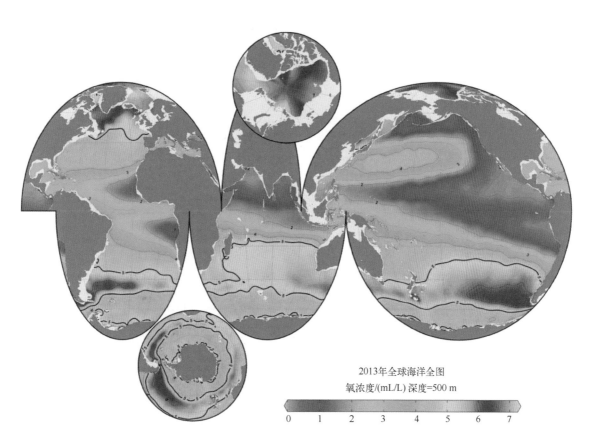

图 1-7　显示为中断地图的 500 m 深度等值面上的氧分布

通过快捷菜单中的"Save As Interrupted Map"选项生成中断地图

1.7 图形输出

用户可以使用主菜单的"File>Save Canvas As"选项或"canvas""map"和"data"窗口的"Save Canvas As""Save Map As"和"Save Plot As"下拉菜单来生成 canvas、map 或各个 data 窗口的 gif、png、jpg、tiff 和 eps 文件。按"Ctrl+S"键，并将鼠标悬停在"canvas""map"和"data"窗口上，以激活这些选项。然后可以将保存的图像或 eps 文件插入文档和网页中。图像文件的分辨率由用户指定，不受屏幕图形分辨率的限制。详见文件的画布选项和画布菜单。

1.8 数据统计

数据窗口的 X、Y、Z 数据的统计信息或地图上站点的位置和日期/时间元数据可以通过当鼠标位于相应数据窗口或地图上时按"F4"键获得。之后，将出现一个对话框，分别显示平均值、标准偏差、数据点数量以及 X、Y 和 Z 变量的最小值和最大值。另外，X、Y 和 Z 数据的直方图以及 X/Y 数据分布图可以通过单击按钮获得。利用地图，也可以获得随时间或季节变化的站点覆盖直方图。

1.9 估计和平均

ODV 可用于估计任意经度-纬度-深度点（三维点估计）的任何基本或派生变量的值。三维点估计可通过快速加权平均过程实现，并将当前有效的站点和样本集与用户指定的经度、纬度和深度平均长度尺度一起使用。ASCⅡ文件中提供了估计需要的坐标。这些点可以是不规则分布，或者可以形成均匀或不均匀、矩形或曲线网格。用户可以通过"Tools>3D Estimation"从主菜单调用三维点估计。

对于具有 Z 变量的数据窗口，可以使用二维点来估计任意 X/Y 点处的 Z 值。至于三维估计，X/Y 坐标以 ASCⅡ文件形式提供。点可以不规则分布，或者可以是均匀的或不均匀的、矩形的或曲线形的网格。从相应的数据窗口菜单中选择"Extras>2D Estimation"进行调用。

一维估计可用于在 X 轴或 Y 轴上具有主要变量的数据绘图。对于绘图中的每个站点，此选项允许根据用户指定的主变量值估算其他变量。这些用户指定的坐标必须以 ASCⅡ文件形式提供，每行一个坐标。估算结果（一个接一个请求的站点）被写入 ODV 电子数据表格格式文件，例如，这些文件本身可以很容易地导入并用 ODV 进行显示。用户可以使用一维估计选项来获取储存在集合中的变量的标准深度（压力）剖面。从相应的数据图弹出菜单中选择"Extras>1D Estimation"进行调用。

除上述各种点估算方法外，ODV 也可用于计算用户指定的经度/纬度/深度箱的平均值和标准偏差。给定箱内的当前有效样本都用于平均。箱平均与点估计的不同之处在于：所有点估计方法都会产生一个值(如果附近没有数据，则可能质量差)。若数据值存在于箱内，箱平均过程只返回结果。

1.10　支持 NetCDF

除了本地 ODV 数据集之外，ODV 还可以访问和显示本地或远程 NetCDF 文件中的数据，并广泛用于平台独立存储的网格数据以及模式输出。ODV 通过四步 NetCDF 操作向导提示用户识别 NetCDF 文件中的维数和变量。NetCDF 文件的内容随后就会呈现给用户，就好像 NetCDF 文件是 ODV 本身的数据集一样。所有的 ODV 分析和可视化选项都可用于分析 NetCDF 文件中的数据。NetCDF 文件独立于平台，可用于所有支持 ODV 的系统。

2 第一步

2.1 安装海洋数据视图软件

在使用 ODV 软件之前，必须先在电脑上安装该软件。适用于 Windows、Mac OS、Linux 和 UNIX 系统的最新的 ODV 安装文件可以从 http：//odv. awi. de/en/software/download/网址下载。注意：用户必须注册并使用个人登录信息才能访问下载页面。INSTALL. txt 文件提供了详细的安装说明。请参阅 ODV 使用规则的许可协议。

支持的平台：ODV 可在以下平台上运行：Windows XP、Vista 7、Vista 8 和 Vista 10；Mac OS 10.5 或更高版本；自 2006 年 6 月发布的 Linux 发行版运行内核版本 2.6.15 或更高版本。ODV 在 Debian 7.7、Ubuntu 12.0.4 和 Ubuntu 14.0.4 以及 CentOS 7 上测试过。

用户文档目录中的子目录 ODV 作为 ODV 用户目录。安装 ODV 时会自动创建此目录，并将地图文件、调色板、宏、地名词典、命令或图形对象文件从安装包复制到此目录中。用户可以在 ODV 用户目录中创建这些文件的自定义版本。以新名称保存自定义文件非常重要，否则修改前的文件将被覆盖，并在下一次安装新版本 ODV 软件时丢失。完整的用户目录路径以及其他 ODV 安装设置可以通过"Help>About ODV"或"odv4>About odv4"（Mac OS 系统）获得。

用户可以使用"View>Settings"（Mac OS 系统使用"ODV4>Preferences"）选项安装高分辨率的海岸线和地形包。更多信息见 2.12 节。

ODV 用户目录可以通过"View>Settings>System>User Directory"迁移到系统磁盘上的其他位置。请不要将用户目录移动到网络驱动器。

2.2 运行海洋数据视图软件

ODV 安装完成后，可以通过多种方式启动该程序。在 Windows 系统中，安装完成后，系统会在桌面上创建一个 ODV 图标，并自动将 .odv 和 .var 集合文件与 ODV 应用程序相关联。要启动 ODV，用户可以双击 .odv 或 .var 文件或 ODV 桌面图标。

任何 ODV 支持的文件都可以拖到 ODV 图标上，启动 ODV 并打开拖动的文件。ODV 运行时，用户可以将 ODV 支持的文件拖到 ODV 窗口打开此文件。支持的文件类型包括 ODV 集合

(. odv 和 . var)、NetCDF 文件(* .nc， * cdf)和 ODV 电子表格文件(. txt)。

在 Mac OS、Linux 和 UNIX 系统上，用户可以使用适合相应操作系统的方法创建 ODV 可执行文件 odv4 或 ODV 启动脚本文件 run_odv 的别名或图标。ODV 可执行文件 odv4 位于 ODV 安装位置的 bin 目录中(例如，Mac OS X 上的 bin_macx，Linux 系统上的 bin_linux-i386 等)。一旦创建了桌面或任务栏/停靠图标，就可以通过双击或单击 ODV 图标启动 ODV。在大多数系统中，用户还可以将 ODV 集合 . odv 和 . var 文件、NetCDF 文件或任何支持的数据导入文件拖放到 ODV 图标上。

通过在 DOS 框或终端窗口输入可执行文件和可选参数的路径名，也可以启动 ODV。在某些系统上，脚本文件 run_odv 可用于从命令行启动 ODV。如果从命令行启动 ODV，则支持以下参数。注意，包含空格的文件和路径名称必须用引号括起来。

有两种从命令行启动 ODV 的方法：

(1)odv4 file ［ -view view_file ］；或者

(2)odv4 -x cmd_file ［ -q ］。

第一种情况是打开 ODV 集合(. odv 或 . var 集合文件)或 NetCDF . nc 或 . cdf 文件，并从视图文件 view_file 加载视图。如果未提供默认视图或初始使用的是最近使用的视图，-view view_file 参数是可选的。如果 ODV 二进制目录不在路径中，则必须指定 ODV 可执行文件的完整路径名，例如 Windows 上的"c：\Program Files\Ocean Data View(mp) \bin_w32\odv4"或 Mac OS 系统上的"/Applications/ODV/bin_macx/odv4"。"file"必须是绝对路径名或相对于当前目录的路径。"view_file"必须是绝对路径名，或者是相对于包含该文件的目录的路径。

第二种情况是打开 ODV 命令文件 cmd_file 并执行文件中包含的命令。如果提供了可选参数-q，则在处理完所有命令后，ODV 将自动关闭。cmd_file 必须是绝对路径名或相对于当前目录的路径。

在某些平台上，第一次运行时，ODV 会提示以下"快速安装"信息。

(1)包含 bin 目录的完整路径名(ODVMPHOME 环境变量)。

(2)磁盘上目录的完整路径名，ODV 将在运行时用它来写入临时文件(ODVMPTEMP 环境变量)。注意，必须拥有该目录的写入权限。用户可以使用该系统的 tmp 目录，或者为此目的在本地磁盘上创建一个特殊目录(例如，/odvtmp)。由于潜在的性能缺陷，建议不要使用网络驱动器上的目录。

(3)用户电脑的名字。

(4)用户名或登录名。

单击"OK"完成快速安装。然后使用"View>Settings"(在 Mac OS 系统上使用"odv4>Preferences")对话框自定义 ODV 字体和外部程序设置。

ODV 运行后，用户可以使用"File>Open"选项打开数据集、NetCDF 文件或任何支持导入的数据文件，将出现标准文件打开对话框，可以选择要打开的相应文件类型和文件名。如果打开一个支持导入的数据文件，ODV 将自动在该文件所在目录中创建一个新的集合，从所选文件导入数据，并打开新创建的数据集。

在打开一个集合后，ODV 会加载该数据集的最新视图设置。这些视图设置包括站点和样本选择过滤器，因此，只有集合中的站点和数据值的子集可以显示在地图和数据窗口中。使用"View>Station Selection Criteria"可以放宽或修改站点选择标准。

用户可以使用"View>Load View"加载其他以前保存的视图文件，可以使用"View>Window Layout"来更改窗口布局，使用"View>Layout Templates>…"加载其中一个预定义布局模板，使用"View"菜单选项或者在画布区域、地图或其中一个数据窗口上单击鼠标右键时出现的弹出菜单更改各种交互设置。

2.3 获得帮助

单击"F1"键或使用选项"Help>User's Guide"打开 ODV 用户指南（本文档）（用户指南的 pdf 版本可在 ODV 网站上找到）。在许多 ODV 对话框上通过单击"Help"按钮来提供相关内容的帮助。这将调用在"View>Settings>Program Locations"（在 Mac OS 系统中，位于"odv4>Preferences>Program Locations"）下指定的 Web 浏览器，浏览器将跳转到用户指南中的相应章节。在 Windows 系统中，相关内容的帮助在 Chrome 和 Firefox 浏览器中显示效果最佳。使用 Internet Explorer 浏览器时，可能需要单击地址栏并按"ENTER"键。在 Mac OS 和某些 Linux 系统上，在显示 ODV 相关内容的帮助之前，可能必须关闭正在运行的 Web 浏览器。

2.4 应用程序窗口

ODV 4 应用程序窗口由以下元素组成（见图 2-1）。

菜单栏：菜单栏提供对主菜单的访问。

画布：图形画布包含地图（始终存在）和无限数量的数据窗口。画布、地图和数据窗口可能包含无限数量的图形对象，如文本注释、符号或用户定义的形状。

状态栏：提供①状态信息；②当前鼠标位置或进度条上的坐标；③当前选择站点的数量、集合中站点的总数以及当前视图的名称等信息。

当前站点窗口：当前站点（在地图上用"红叉"标出）的元数据值。

当前样本窗口：当前样本（在数据窗口中用"红叉"标出）的数据值和质量标志。只显示满足当前样本选择标准的数据。

等值面数据窗口：当前站点的等值面值。

左键单击地图或任何数据窗口中的站点或数据标记可选择相应的站点或样本。在大多数窗口元素上单击鼠标右键可以打开包含不同元素特定选项的控制菜单。将鼠标悬停在数据列表项

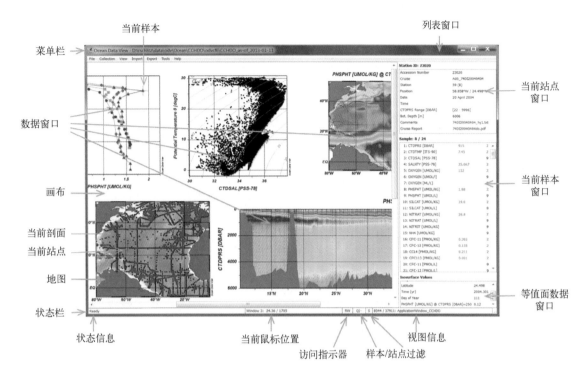

图 2-1 ODV 应用程序窗口的元素

目上会弹出包含详细数据信息的窗口。

　　地图显示满足当前站点选择标准的站点。它包含一个选择站点列表并可能有一个数据集。数据窗口包括：①站点视图，显示选择的站点的 X/Y 数据，选取的站点在地图中用与数据窗口中相同的记号标记；②散点视图，显示地图中所有选定站点的 $X/Y/Z$ 数据；③剖面视图，显示剖面内所有站点的 $X/Y/Z$ 数据；④平面视图，显示地图上所有选定站点的等值面 $X/Y/Z$ 数据。当前窗口布局和参数设置统称为视图。视图可以存储在文件中供以后使用。

　　一些 ODV 窗口元素和弹出菜单在下面详细描述。

2.5　菜单栏

　　主菜单提供了以下基本功能。

　　"File"：打开或创建一个数据集；打开 NetCDF 文件；以批处理模式打开 ODV 支持的数据文件和执行 ODV 命令；生成当前 ODV 图形画布的 gif、png、jpg、tiff 或 PostScript 文件；退出 ODV。

　　"Collection"：复制、重命名、删除数据集；分类和压缩数据集；删除当前站点或有效站点子集；查看数据集信息、清单和日志文件；向数据集日志文件添加注释；确定关键变量；确定良好的覆盖标准；查看或编辑数据集属性和变量。

　　"View"：更改站点和样本选择标准；定义派生变量；定义等值面变量；改变地图和数据窗

口布局；在列表窗口中更改变量标签、数字格式和显示顺序；撤销/重做最近视图更改；加载和保存视图设置，定义一般的 ODV 设置。

"Import"：将数据导入当前数据集（支持的格式包括各种电子表格、ARGO、MedAtlas、世界海洋数据库和 WOCE）。

"Export"：将当前选定站点的数据导出为 ASCⅡ文件、ODV 数据集或 NetCDF 文件；将窗口 X、Y、Z 数据导出为 ASCⅡ文件；导出窗口 X、Y、Z 数据作为参考数据集；将等值面值输出到 ASCⅡ文件。

"Tools"：地转流计算；3D 估计；箱平均值计算；异常值和重复站点标识；宏编辑器；调色板编辑器（仅限 Windows 系统）；列表文件生成器；海洋计算器。

"Help"：调用 ODV 帮助系统；访问 ODV 网页；发送错误报告；显示 ODV 版本和安装细节。

2.6 元数据和数据列表窗口

当前站点窗口包含当前站点（在地图上用"红叉"标出）的元数据值，当前样本窗口包含当前样本（在数据窗口中用"红叉"标出）的数据值和相关质量标志，等值面数据窗口包含当前站点的等值面值。数据值以不同的颜色显示，可立即显示数值的特征。如果数据误差和/或数据信息与实际数据一起提供，则当前样本窗口还显示 $1-\sigma$ 数据误差和/或ⓘ符号。将鼠标悬停在上面符号来查看数据信息的值。如果信息值是一个 URL 或对集合中某个信息文件的引用（以 If:开头），则左键单击（蓝色）ⓘ符号将在 Web 浏览器中打开相应的文档。有关数据表文件中数据误差和数据信息值的详细信息，请参阅"ODV 通用数据表格式"的说明。

当鼠标停留在当前样本窗口列表项目之一时，会自动出现包含完整变量标签，数据值和相关数据误差（如果可用）以及质量标志文本和数据信息值（如果可用）的工具提示消息。

在其中一个列表窗口上单击鼠标右键，会显示特定弹出菜单窗口。在当前样本窗口中，如果右键单击第 1 列中的变量标签，第 2 列和第 3 列中的数据值和质量标志，或者第 4 列中包含符号ⓘ（如果数据信息可用），则会获得单独的菜单。这些菜单可定义派生变量，更改变量的显示顺序并进行更改变量属性（标签和数字格式）或显示数据可用性信息（第 1 列），编辑数据值，数据误差或质量标志（第 2 列或第 3 列）或编辑数据信息值（第 1 列）。右键单击"Sample ../.."标题可以添加一个新样本，删除当前样本，或者选择另一个样本作为当前样本。

2.7 图形画布

画布是 ODV 的绘图区域，包括站点地图和零个或多个数据窗口。可以通过"View>Settings>Canvas"（在 Mac OS 系统中通过"odv4>Preferences>Canvas"）调整画布的大小。

2.8 弹出菜单

在画布、地图、数据窗口、图形对象或任何列表窗口中单击鼠标右键(在使用单键鼠标的 Mac OS 系统中，按住 Alt 键并单击鼠标)，将调用不同的弹出菜单提供与选中元素相应的选项。大多数 ODV 功能都可以通过这些弹出菜单实现(图 2-2、图 2-3、图 2-4)。

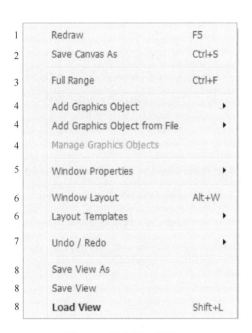

图 2-2　画布弹出菜单

画布弹出菜单提供以下选项。

(1)重绘整个画布及其所有窗口。

(2)将整个画布及其所有窗口保存为 gif、png、jpg、tiff 或 PostScript 文件。

(3)将所有窗口的轴范围调整为满量程。

(4)允许添加或管理画布的图形对象。

(5)允许修改地图和数据窗口的属性。

(6)更改地图和数据窗口布局和使用窗口布局模板。

(7)允许撤销/恢复最近的视图更改。

(8)另存为/保存视图/加载视图。

地图弹出菜单提供以下选项。

(1)重绘地图和所有数据窗口。

(2)将地图保存为 gif、png、jpg、tiff 或 PostScript 文件。

(3)手动放大或缩小地图区域。

(4)放大到当前鼠标位置。

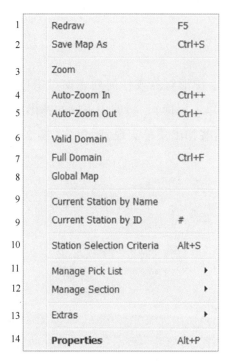

图 2-3 地图弹出菜单

（5）自动缩小。

（6）设置当前有效站点的范围。

（7）设置数据集的完整域。

（8）设置全球地图的范围。

（9）按名称或内部站点 ID 选择新的当前站点。

（10）更改站点选择标准。

（11）操作地图的站点选择列表。

（12）定义一个剖面并修改其属性。

（13）访问地图的附加菜单。

（14）允许修改地图的属性。

数据窗口弹出菜单提供以下选项。

（1）重绘数据窗口。

（2）将数据窗口保存为 gif、png、jpg、tiff 或 PostScript 文件。

（3）手动放大或缩小数据窗口的 X/Y 域。

（4）放大窗口的颜色栏并修改 Z 范围。

（5）放大到当前鼠标位置。

（6）自动缩小。

（7）将此窗口移至前景或背景。

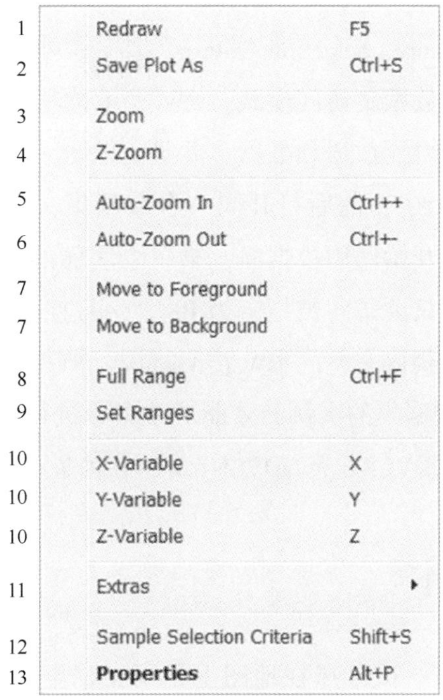

1	Redraw	F5
2	Save Plot As	Ctrl+S
3	Zoom	
4	Z-Zoom	
5	Auto-Zoom In	Ctrl++
6	Auto-Zoom Out	Ctrl+-
7	Move to Foreground	
7	Move to Background	
8	Full Range	Ctrl+F
9	Set Ranges	
10	X-Variable	X
10	Y-Variable	Y
10	Z-Variable	Z
11	Extras	▶
12	Sample Selection Criteria	Shift+S
13	**Properties**	Alt+P

图 2-4　数据窗口弹出菜单

(8)将此窗口的轴范围调整为满量程。

(9)手动设置轴范围。

(10)在 X，Y 或 Z 轴上选择新变量。

(11)访问数据窗口的附加菜单。

(12)允许修改数据窗口的样本选择标准。

(13)允许修改此数据窗口的属性。

2.9　状态栏

ODV 状态栏显示帮助、状态和进度信息。状态栏的最右侧窗格指示地图中当前显示的站点数量、数据集中的站点总数以及当前视图文件的名称。将鼠标悬停在此窗格上会弹出一个显示当前视图更详细信息的窗口。

站点过滤器窗格中的 S 表示站点选择过滤器处于活动状态，并且只有数据集中可用站点的一个子集显示在当前地图中。如果没有站点过滤器处于活动状态，则站点过滤器窗格为空。站点选择标准可以通过"View>Station Selection Criteria"修改。

样本过滤器窗格指示样本过滤器的范围和质量是否在其中一个数据窗口(将鼠标移至特定数据窗口上)或等值面变量值计算(将鼠标移至等值面数据窗口上)中处于激活状态。样本过滤器窗格中的可能值为-/-、Q/-、-/R 和 Q/R。如果是 Q 和/或 R，则使用鼠标在项目中激活质量和/或范围过滤器。-/- 表示没有样本过滤器处于激活状态。通过右键单击项目（数据窗口或等值面数据窗口）和选择"Sample Selection Criteria"选项，可以修改样本选择标准。

访问指示器窗格显示当前数据集访问模式。RW 表示读写访问，而 R 表示只读。如果以只读模式打开数据集，则无法编辑元数据和数据，并且无法导入其他数据。所有编辑和导入选项都被禁用。若在两个 ODV 实例中，前后打开同一个数据集，则第二个实例将被授予只读访问权限。另外，一旦第二个实例开始使用数据集，第一个实例的 RW 访问模式将被降级为 R，直到第二个实例关闭。临时降级只读访问被指定为 R-。一旦使用该数据集的所有其他 ODV 实例终止，第一个实例将自动重新获得完整的 RW 访问权限。所描述的访问管理策略可确保给定的 ODV 实例是目前唯一使用该数据集的实例，才能对数据集进行修改。

注意：访问管理仅适用于 ODVCF 6 和 ODVCF 5. odv 数据集。NetCDF 文件默认以只读模式打开。

2.10 当前站点和样本

ODV 总是指向当前的站点。该站点在地图上用"红叉"标出，其元数据列在当前站点窗口中。可以通过鼠标左键点击地图上的站点标记来选择新的当前站点。如果怀疑同一地点有多个站点，比如，由于在同一地点有重复观测，可以按住"Shift"键，同时单击站点位置。如果点击位置确实有多个站点，则会显示这些站点的列表，可以从列表中选择新的当前站点。

用户还可以使用键盘选择新的当前站点："→"键将选择下一个站点（根据数据集中的站点顺序），"←"键将选择前一个站点。

从地图弹出菜单中选择"Current Station by Name"选项可以指定航次标签、站点标识和站点类型，使匹配站点成为当前站点。从地图弹出菜单中选择"Current Station by ID"选项（或者在鼠标悬停在地图上时单击"#"键），可以通过输入站点内部 ID 号码（不要与站点标签混淆）来选择新的当前站点。

当前站点的其中一个样本称为当前样本。当前样本在数据窗口中用"红叉"标记，其数据值及其质量标志显示在当前样本窗口中。要选择一个新的当前样本（可能还有新的当前站点），用鼠标左键单击任何数据窗口中的任何数据点。"↓"键将选择下一个样本（按主要变量值的升序排列），"↑"键将选择前一个样本。按下"PgUp"或"PgDn"键将以更大的步幅向前或向后移动当前样本。按"Home"或"End"将移动到站点的第一个或最后一个样本。

2.11 地图和数据窗口绘图

地图和数据窗口会在程序运行、加载视图、布局或显示属性修改时自动绘制或重绘。如果选取的站点列表为空并且当前没有定义断面，则站点视图或断面视图的数据窗口将保持为空。

要将一个站点添加到选择列表中，可双击地图中的特定站点标记或者单击该标记以使该站点成为当前站点，然后单击"ENTER"键。对于想添加到选择列表中的其他站点重复此过程。选择列表可以容纳无限数量的站点。用户可以通过将选定的站点设置为当前站点（例如，在站点窗口中单击其中一个数据点）并按"Delete"键来删除站点。用户可以通过地图弹出菜单下的"Manage Pick List>Edit Pick List"选项编辑选择列表的属性。

要定义断面或更改断面属性，请使用地图弹出菜单的"Manage Section"中的选项。一旦定义了断面，则沿断面的坐标就可以作为派生变量使用。派生变量可以是断面经度、断面纬度或断面距离，具体取决于用户选择的断面坐标。如果想要沿断面生成属性分布，可将断面坐标放在绘图的 X 轴上。

2.12　设置

可以使用"View>Settings"选项（Mac OS 系统中使用 "ODV4>Preferences"）定义 ODV 常规设置，如图形和文本字体、画布大小或浏览器和文本文件查看命令。

画布的尺寸

调整 ODV 图形画布的宽度和高度，例如绘制地图和数据窗口的白色区域。单击"Fit to screen"以建立当前屏幕的最佳设置。注意，在大幅度改变画布大小之后，可能需要在字体选项卡调整图形字体大小。

字体

选择一个字体系列和各种字体属性并设置全局字体缩放系数大小。如果需要更大的图形文本和轴注释，可增大"Size"值，也可减小。需要注意的是，ODV 的"PostScript"输出中可能不支持某些字体。另外，在对画布大小进行大幅度更改后，可能需要对图形字体大小进行调整（详见下文）。

"Text Font Size"条目决定菜单、对话框以及当前站点和样本列表窗口的字体大小。

高亮

选择要用于突出显示地图中当前站点位置以及数据窗口中站点当前样本和数据的颜色。

轴同步

打开或关闭不同数据窗口之间的范围同步。如果范围同步打开并且变量的轴范围在一个窗口中更改，则其他窗口中此变量的范围将相应地更改。如果范围同步关闭，其他窗口将保持不变。注意，此设置是按数据集进行的，并且如果当前未打开数据集时，则该选项禁用。

网格化测深资源

在 DIVA 域设置以及使用%H 操作数的宏和表达式中安装或卸载可选的全球或区域网格化测深数据，用作断面海底地形。这项操作需要连接互联网。

地图资源

安装或卸载全球或特定区域的可选高分辨率海岸线和水深等值线资源。等值线资源用于 ODV 地图。这项操作需要连接互联网。

下列地图资源可供下载和安装：①Amante 和 Eakins（2009）的 ETOPO1 全球数据，包括 2′×2′ 和 6′×6′ 两种分辨率；②GEBCO_2014 全球海拔资料（2014-11-12 年版，http：//www. gebco. net/），包括 2′×2′ 和 6′×6′ 两种分辨率；③IBCAO V3 测深数据（http：//www. ngdc. noaa. gov/mgg/bathymetry/arctic/），为 60°N 以北的地区［取自 ETOPO1（2009）资源］；④Timmermann 等 2010 年提供的 RTOPO 网格化数据，为 45°S 以南的地区，包括 1′×1′、2′×2′ 和 6′×6′ 三种分辨率；⑤波罗的海、北海、地中海和凯尔盖伦地区的区域数据。

使用"View>Settings>Map>Resources"选项（Mac OS 系统上使用"ODV4>Preferences>Map>Resources"），可以随时从 ODV 内安装（或卸载）这些额外的数据，不再需要手动下载和安装可选软件包。

ETOPO1、GEBCO_2014、IBCAO 和 RTOPO 地图数据按瓦片组织。这些资源可以两种方式安装：完全或按需下载软件包。完全下载时，单击"Install"按钮将开始下载并解压整个安装包，这可能会需要几分钟。之后适用于整个区域的所有地图数据在系统上立即可用，并且地图绘制将立即处理。按需下载软件包安装非常快，但是，绘制站点地图时，在所有绘图工作开始之前，要下载当前地图区域的所需数据。下载的部分会缓存在系统中，不会再次下载。

如果磁盘空间足够，建议安装完整的 ETOPO1 或 GEBCO_2014 6′和 2′软件包。由于不同的 ODV 用户使用不同的系统管理员账户，建议将下载的地图数据由 ODV 用户目录"<ODV user directory>/coast/ * _? min"移动到 ODV 安装目录"<ODV installation directory>/coast/ * _? min"，以使这些地图资源可用于系统上的所有 ODV 用户，并避免多次单独安装用户 ODV 目录。

如果只关心感兴趣的区域，可以选择安装区域安装包。同样，多 ODV 用户的系统管理员应该将资源从 ODV 用户目录移到 ODV 安装目录。

ETOPO1 和 GEBCO_2014 2′安装包取代了许多之前的区域可选安装包，并提供相同或更好的体验。

如果只需要高分辨率地图支持特定小区域，则建议安装 ETOPO1 或 GEBCO_2014 2′（按需下载）安装包而不是完整安装包，以减少下载时间和存储空间。

显然，需要联网才能执行任何地图图层安装。有关如何在自动或手动模式下使用地图资源的信息可在第 9.1 节中找到。

资源优先事项

如果地图图层的自动选择处于激活状态，并且多个已安装的地图资源可用于当前地图区域，默认选择绘图成本合适的高分辨率的特定资源。可以通过在"Resource Priorities"页面上指定地图资源优先级来设置首选项。列表顶部的资源优先于下一个资源。

电子表格导入

指定行之间的位置(以经度或纬度为单位)和时间(以小时为单位)差异限制。即使提供了站点标签并且相邻两行保持相同,如果超出这些限值,站点中断总是会发生。如果导入文件中没有提供站点标签,则每当位置和/或日期和时间改变时都会发生站点中断。

SDN 导入

为 SeaDataNet 数据导入指定输出的父目录。实际上,SDN 导入出现在父目录的子目录"yyyy-mm-ddThh-mm-ss"中,其中"yyyy-mm-ddThh-mm-ss"表示导入开始的日期和时间。

WOD 导入

航次标签有两种选择方式:短航次标签,如 WOD13_GR,仅包含 WOD 标识符和两个字符的国家代码;长航次标签,包含 OCL 航次号码(例如,WOD13_US014887)。导入大量数据时,选择长航次标签可能会产生大量的航次数据,因此不建议使用。

程序位置

指定 Web 浏览器(打开 ODV 帮助文件所需)和文本查看器(需要查看文本文件)的完整路径。

在 Mac OS、Linux 和 UNIX 系统上,文本查看器命令可以包含零个或多个由空格分隔的参数。文本查看器和参数的路径可能包含空格,必须避免使用反斜杠。

示例:使用安装在"/usr/local/My editor"路径中 emacs 作为文本查看器,并调用 emacs 客户端以重新使用已打开的 emacs 编辑器。

/usr/local/My \ editor \ path/emacsclient −a/usr/local/My \ editor \ path/emacs。

在 Mac OS 系统上,无法指定 Web 浏览器,ODV 将调用系统默认浏览器。

侧边栏文件夹

ODV 的"文件打开"和"文件保存"对话框可以快速访问对话框左侧栏中列出的多个文件夹。最多可以指定两个经常使用的文件夹(用户自己选择)作为侧边栏列表的一部分(Mac OS 系统上无法使用)。

用户目录

指定 ODV 用户目录的完整路径。ODV 将这个目录用于地图和测深数据以及自定义数据集、调色板、宏和命令文件。

要更改 ODV 用户目录,请单击"Change User Directory"按钮并选择新 ODV 用户目录的父目录。为获得最佳性能,可在能快速访问的本地磁盘上选择一个目录,并避免使用网络和 USB 驱动器。

注意:此选项仅在未打开数据集时可用,应确保没有其他 ODV 实例正在运行。以前用户目录的内容必须手动移动到新位置,然后退出并重新启动 ODV。

3 海洋数据视图数据集

ODV 使用特殊的数据存储格式，可以有效地处理非常大的数据集。此格式针对不规则间隔、可变长度数据进行了优化，并提供密集存储和快速数据访问。从某种意义上说，ODV 数据存储模式是对 NetCDF 数据格式(网格数据优化采用的格式)的补充。

ODV 数据集格式是通用的，并支持各种类型的环境数据，包括剖面、轨迹和时间序列类型。ODV 是专门为海洋数据开发的，也能处理其他各种领域的数据，如大气、沉积物或冰盖等。通常，由 ODV 处理的观测数据在空间和时间上是不规则地分布的。此外，ODV 还可以处理网格数据和数值模式输出结果。

ODV 4.6.0 引入了一种新的集合数据格式(ODVCF 6)，它比 ODV 以前版本使用的 ODVCF 5 和 ODVGENERIC 格式更强大，并且克服了以前格式的许多局限。现在支持几乎不受限制的元数据和数据变量以及几乎无限数量的站点和样本集合。ODVCF 6 支持元数据和数据变量的质量标志，用户可以从 16 种流行的海洋学方案中选择定制的质量标志方案。元数据和数据变量可以是数字(每个值大小为 1~8 个字节)或包含用户指定的固定最大长度(值类型为 TEXT)或任意长度(值类型为 INDEXED_TEXT)的文本。

ODV 向后兼容，完全支持 ODVCF 5 和 ODVGENERIC 数据集以及使用以前版本的 ODV 创建的视图或配置文件。创建新的数据集时，ODV 将使用新的 ODVCF 6 格式，提供所有新功能，并允许更灵活地定义元数据和数据变量。

ODVCF 6 提供了以下新功能。

(1)新登录号码元数据变量为数据集中的每个站点提供唯一且不可修改的身份识别号码。当站点被添加到数据集中时(通常在导入时)，会分配站点的登录号码，并在排序和压缩操作期间进行保存。这与站点 ID 相反，后者当数据集中站点顺序发生变化时随之改变。

(2)元数据和数据变量的新类型：SIGNED_BYTE、UNSIGNED_SHORT、UNSIGNED_INTE-GER、INDEXED_TEXT(见表 3-1)。INDEXED_TEXT 支持任意长度的 UNICODE 字符串。多次出现的字符串(例如航次标签)的处理效率非常高。

(3)每个站点的历史记录。所有导入和数据编辑操作都记录在站点的历史记录中。将数据导出到数据集或 ODV 电子表格文件时，会保留历史信息。

(4)除了实际的数据值和质量标志之外，每个数据变量现在都可以保存数据误差值和数据信息字符串。电子表格文件可以在 STANDARD_DEV 和 INFOS 列提供数据误差和信息字符串。

表 3-1　ODV 的站点元数据值 v 和质量标志 q

元变量 1		元变量 2		...	元变量 m		站点质量标志
v_1	q_1	v_2	q_2	...	v_m	q_m	q

注：元变量值可以是文本或数字。元变量 m 的总数是无限的。

（5）正确的读写或只读访问管理。只有当应用程序是当前使用该数据集的唯一应用程序时，才会授予对数据集的读写访问权限。第二个应用程序打开相同的数据集将只具有只读访问权限。一旦数据集在多个应用程序中打开，第一个应用程序的访问权就会自动地降为只读。当使用该数据集的所有其他应用程序终止时，原来的读写访问将自动恢复。

（6）数据集密码保护。ODVCF 6 数据集现在可以通过密码保护以防止未经授权使用。

3.1　数据模型

ODV 可以处理非常多的数据类型，如海洋、浮冰或陆地上固定或移动站点的剖面（海洋、大气、湖泊、海洋和湖泊沉积物、冰盖等）、轨迹（走航数据）或时间序列等数据。

由 ODV 处理的基本数据类型是站点数据，代表在特定地理位置和日期/时间针对特定事件获得的二维数据。ODV 可以整理 ODV 数据集中潜在的大量站点的数据。

用户通常会打开数据集并处理该数据集中的站点数据。因此 ODV 数据集是可扩展的，并且可以随时添加新的站点数据。

站点由许多元数据变量描述，例如航次和站点名以及空间和时间坐标。除了下面描述的强制性元数据变量之外，ODV 数据集还可以包含无限数量的附加元变量。元变量可能包括数值或文本。

除了元数据外，每个站点还包含一个由一行或多行和两列或更多列组成的二维数据表（见表 3-2）。每行保存一个样本的数据，每列表示存储在数据集中的一个数据变量。数据变量的数量和类型在不同的数据集中可能不同。其中一个数据变量（主变量）是特殊的，用作站点样本的排序变量。第一个数据变量通常作为排序变量，但不一定。元数据和数据变量的数据集是在创建时定义的，但之后可随时进行修改。

对于每个站点，ODV 都可以处理所有元变量、数据变量和所有样本的数据值。另外，ODV 还可以处理与每个单独的元数据和数据值相关的质量标志值。还有额外的质量标志来描述一个站点（站点质量标志）和每个单独样本（样本质量标志）的总体质量。质量标志值反映了数据的置信度，是数据集中非常有价值的一部分。

ODV 支持海洋学界 15 个广泛使用的质量标志方案。ODV 还定义了自己的简单和通用的质量标志方案，可以应用于海洋和其他类型的环境数据。ODV 利用数据质量标志值进行数据过滤。数据变量的质量标志值也可以通过质量标志导出变量进行绘图和其他目的。

单个元数据和数据变量可能使用不同的质量标志方案。元数据（经度和纬度除外）以及样本数据值可能会丢失。

表3-1和表3-2是ODV站点元数据和数据阵列的简表概要。

表3-2　ODV的站点数据值和质量标志

	变量1		变量2				变量 n		样本质量标志
样本1	$v_{1,1}$	$q_{1,1}$	$v_{1,2}$	$q_{1,2}$			$v_{1,n}$	$q_{1,n}$	q_1
样本2	$v_{2,1}$	$q_{2,1}$	$v_{2,2}$	$q_{2,2}$			$v_{2,n}$	$q_{2,n}$	q_2
…									
…									
…									
样本 k	$v_{k,1}$	$q_{k,1}$	$v_{k,2}$	$q_{k,2}$			$v_{k,n}$	$q_{k,n}$	q_k

注：数据变量的值可以是数字或文本。数据变量的最小数量是2；总数 n 是无限的。

样本的数量 k 是无限的。其中一个数据变量（通常是第一个）是主变量；样本按主要变量值的升序排序。

3.1.1　元变量

ODV定义了一组强制性元变量，其中包含航次和站点名称信息以及某个给定站点的地理位置和日期/时间（表3-3）。每个ODV数据集都包含强制性元变量，并为它们提供数值来描述存储在数据集中的站点。观测的日期和时间，或者站点的名称和所属的航次（或者调查），都是完全识别站点所必须的，并能够应用基于名称模式或指定时间段进行选择的站点选择过滤器。如果不可用，日期/时间或航次和站点名称可能会丢失，但是必须始终提供站点的经度和纬度。没有位置信息的站点不会导入到ODV数据集中。

除了强制性元变量外，ODV数据集还可以包含无限数量的导出元变量。导出元变量的值可以是用户指定的固定或任意长度的数字或文本。强制性元变量的值类型（文本或数字）可能不会改变，而值所占字节的大小可能会改变。例如，用户可以将经度和纬度元变量的数据类型设置为8字节的双精度，以满足高分辨率位置信息。元变量的值在 $[0～255]$ 或 $[-32\,768～32\,767]$ 可分别表示为1或2个字节的整数，以减少所需的磁盘存储空间。

表3-3　强制和可选ODV元变量

元变量	推荐标记
强制	
航次标记（文本）	航次
站点标记（文本）	站点
站点类型（文本）	类型
观测的日期和时间（数值，年、月、日、时、分和秒）	yyyy-mm-dd Thh：mm：ss. sss
经度（数值）	经度（向东为正）
纬度（数值）	纬度（向北为正）

续表

元变量	推荐标记
可选	
SeaDataNet 站点标识符（文本）	LOCAL_CDI_ID
SeaDataNet 机构标识符（数值）	EDMO_code
站点的底层深度或者仪器所处深度（数值）	底层深度（m）
...	
用户额外定义的元变量（文本或数值）	

3.1.2 数据变量

不同种类的测量数据值（如压力、温度、盐度等）被存储在相关的数据变量中。接收的数据集中每个观测参数都有一个数据变量。数据变量的总数及其特定含义是任意的，并且可能随着数据集的不同而不同。像元变量一样，数据变量可以是数值或文本。其中一个数据变量（主变量）是特殊的，按其升序对样本进行排序。通常，以第一个数据变量（表3-2中的 $v_{1,1}$）作为主变量，也可以选择任何其他变量。主变量是在创建数据集时定义的。

3.2 数据集类型示例

上述 ODV 数据模型是灵活的，并且支持各种不同的数据类型，包括下面描述的类型。

3.2.1 剖面数据

该类别数据涵盖了广泛的观测资料，例如，包括固定测站、系泊或漂移仪器或船舶获取的海洋剖面。在所有这些情况下，应使用表3-4中的元数据和数据变量将每个单独剖面视为单个站点。大气、冰盖或沉积物中的剖面资料可以按类似的方式组织，唯一的区别是主变量的选择（例如，大气中的高度、冰或沉积物岩心的深度）。

表 3-4 剖面数据的推荐元数据和数据变量

元变量	值
航次	航次、调查或仪器的名称
站点	独特的站点标识
类型	用 B 指代 bottle 或 C 指代 CTD、XBT 或样本数超过 250 个的站点
yyyy-mm-dd Thh:mm:ss.sss	站点的日期和时间（位于某深度上的仪器）
经度（向东为正）	站点的经度（位于某深度上的仪器）
纬度（向北为正）	站点的纬度（位于某深度上的仪器）
底层深度（m）	站点的底层深度
无限数量的其他元变量	文本或数值；用户定义的文本长度或 1~8 个字节的整型或浮点型的数量

数据变量	说明
水柱、冰核、沉积物岩心或土壤的深度或压力；大气海拔或高度	作为主变量
无限数量的其他观测或计算变量	必须是数值，1~8个字节的整型或浮点型的数量

3.2.2　时间序列数据

该类别数据涵盖了在给定（固定）位置随时间进行的重复的观测资料。例如，系泊海洋传感器的海流和水文参数的测量、海洋站的海平面高度测量、陆地站点的气象观测。在所有这些情况下，给定仪器或站点的整个时间序列观测应该被视为一个独立站点，使用以小数表示的时间变量作为主变量，其他元数据和数据变量见表3-5。

表3-5　时间序列数据的推荐元数据和数据变量

元变量	值
航次	航次、调查或仪器的名称
站点	独特的站点标识
类型	B指代bottle或C指代CTD、XBT或样本数超过250个的站点
yyyy-mm-dd Thh:mm: ss. sss	站点的日期和时间(位于某深度上的仪器)
经度(向东为正)	站点的经度(位于某深度上的仪器)
纬度(向北为正)	站点的纬度(位于某深度上的仪器)
底层深度(m)	站点的底层深度
描述仪器及其部署深度的无限数量的其他元变量	文本或数值；用户定义的文本长度或1~8个字节的整型或浮点型的数量

数据变量	说明
连续小数时间变量或表格 2003-02-17T13:57:12.3 的ISO8601日期以单列列标签 time_ISO8601 表示	作为主变量
无限数量的其他观测或计算变量	必须是数值，1~8个字节的整型或浮点型的数量

3.2.3　轨迹数据

该类别数据涵盖了随着时间的推移重复出现的由移动平台(例如船、漂流器、浮体、滑翔机、飞机等)的观测资料。比如，在船舶调查期间以及自主运动或被动漂移拉格朗日仪器在给定深度进行的水文参数测量。在所有这些情况下，在给定的位置和时间进行的每个单独的测量都应被视为一个单独的测站，将测量的深度或高程作为主变量，其他元数据和数据变量见表3-6。每个站点只有一个这种形式的轨迹数据样本。站点的数量等于沿着轨迹的观测数量，通常很大。

表 3-6 轨迹数据的推荐元数据和数据变量

元变量	值
航次	航次、调查或仪器的名称
站点	独特的站点标识
类型	B
yyyy-mm-dd Thh:mm: ss. sss	观测的日期和时间
经度(向东为正)	观测的经度
纬度(向北为正)	观测的纬度
底层深度(m)	站点的底层深度或海拔高度
描述单个测量的无限数量的其他元变量	文本或数值;用户定义的文本长度或 1~8 个字节的整型或浮点型的数量

数据变量	说明
连续,以小数表示的时间变量	作为主变量
无限数量的其他观测或计算变量	必须是数值,1~8 个字节的整型或浮点型的数量

3.3 创建数据集

用户可以用多种方法创建新的 ODV 数据集:①使用"File>New"选项;②使用"File>Open"打开电子表格数据文件;③没有数据集打开时,将电子表格数据文件拖到 ODV 图标(仅限 Windows)或 ODV 应用程序窗口。

当使用"File>New"选项时,会出现文件打开对话框,并指定将创建数据集的名称和数据集所在的目录。数据集名称中不允许使用以下字符:\ 、/、:、 * 、?、'、<、>、| 和空格。

ODV 允许用户定义将存储在数据集中的元数据和数据变量。这两种类型的变量都可以通过多种方式指定。可以使用支持的模板文件(具有任意扩展名的 . txt、. odv、. var 或 ASCⅡ 电子表格文件)中的变量名称,可以手动输入变量标签,也可以使用预定义(标准和用户提供的模板)的适用于各种已发布的海洋学数据集(见图 3-1)的变量。标准模板列表包括 ARGO 剖面和轨迹数据、美国国家海洋学数据中心(NODC)发布的世界海洋数据库数据(WOD)和世界大洋环流实验(WOCE)以及 Medatlas 项目的各种数据类型。

除了预定义的标准模板之外,用户还可以准备自定义数据集模板并将这些模板存储在 ODV 用户目录的"templates/collections"子文件夹中。用户集合模板文件具有 . odv 扩展名,并遵循 . odv 数据集文件的格式。

图 3-1　数据集模板选择对话框

3.3.1　使用文件作为模板

如果使用 .txt、.odv、.var 或其他文件作为模板（图 3-1 中的第一个选项），将出现一个文件打开对话框来选择模板文件。然后，ODV 将显示元数据和数据变量对话框（见图 3-2），允许以不同方式修改元数据和数据变量。

注意，前 11 个元变量（最多并包括登录号码）是强制性的。除了登录账户、密码，可以更改强制性元变量的属性（选择变量并点击"Edit"），但不能删除或重新排序。其他元变量可以被重新排序、删除，它们的属性也可能会被编辑。要将尚未使用的电子表格列标签添加为元变量，可在"Spreadsheet Column Labels"列表中选择此标签，然后单击"Data Variables"按钮。要添加其他元变量，单击"New"并定义新元变量的属性（见图 3-2 中属性对话框）。元变量的总数是无限的。

要检查或修改元变量的属性，可单击"Edit"。将出现一个属性对话框（见图 3-3），用于指定变量的标签和单位、用于在当前站点窗口中显示值的有效位数（如果是数字）、用于此变量的质量标志方案、数据类型和字节长度（如果是文本）。

当输入元变量的标签或单位时，可以使用格式化控制序列来创建下标、上标和特殊符号。标签和单位不得包含";"或"Tab"字符。如果需要站点的位置精度优于约 100 m，应确保使用"双精度"数据类型作为经度和纬度元变量。另外，不要使用"TEXT"数据类型作为经度、纬度或任何时间元变量。有关支持的质量标志方案和方案之间映射的说明，请参阅文件

ODV4_QualityFlagSets. pdf。

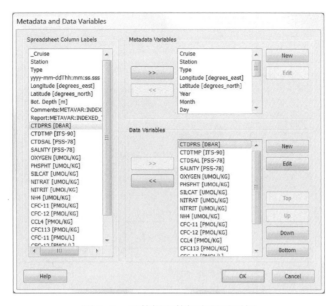

图 3-2 元数据和数据变量对话框

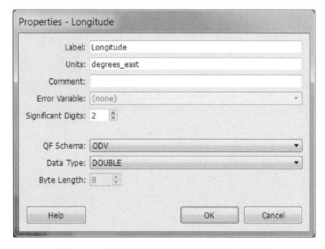

图 3-3 元数据和数据变量的属性对话框

一旦定义了一组元变量，可以通过添加、删除、重新排序变量或修改其属性来继续定义数据变量。输入变量的标签或单位时，可以使用格式化控制序列来创建下标、上标和特殊符号。标签和单位不得包含字符";"或"Tab"。有关支持的质量标志方案和方案之间映射的说明，请参阅文件 ODV4_QualityFlagSets. pdf。

表3-7 总结了可用于 ODV 元数据以及数据变量的不同值类型。数字变量的默认类型是FLOAT，可以为大多数情况提供足够的精度。如果需要超过 7 位数字，例如对于非常精确的经度/纬度规格，则应使用 DOUBLE 类型。对于具有有限范围整数的变量，考虑使用 1 个或 2 个字节类型来减小数据集的存储容量。

表 3-7　ODV 中元数据和数据变量的数据值类型

名称	字节数	范围	说明
BYTE	1	0~255	
SIGNED_BYTE	1	−128~127	
SHORT	2	−32 768~32 767	
UNSIGNED_SHORT	2	0~65 535	
INTEGER	4	−2 147 483 648~2 147 483 647	
UNSIGNED_INTEGER	4	0~4 294 967 295	
FLOAT	4	3.4E+/− 38（7 digits）	默认为数值型
DOUBLE	8	1.7E+/− 308（15 digits）	
TEXT		ASCⅡ+本地字符集	用户指定的字符长度；为字符串终止字符添加 1 字节
INDEXED_TEXT		UTF-8 编码的任意长度的字符串	存储在元数据文件中的 4 字节字符串索引；实际字符串保存在字符串池文件中

有两种数据类型用于存储文本：TEXT 和 INDEXED_TEXT。

以下情况应该使用 TEXT 类型（并指定最大文本字节长度，为文本终止字符添加 1 个字节）。

- 所有文本值具有相似的长度。
- 最大文本长度小于 10。
- 大多数文本值不同。
- 文本仅包含 ASCⅡ字符或本地字符集扩展，并且数据集不适用于国际交换。

以下情况应该使用 INDEXED_TEXT 类型。

- 文本值具有高度可变的长度。
- 重复使用相同的文本值。
- 文本包含非 ASCⅡ字符。

默认情况下，ODV 使用 INDEXED_TEXT 作为航次标签（相同的航次标签通常用于许多站点）以及所有包含网站或网络文档超链接的元数据变量。

3.3.2　手动输入

如果选择手动输入变量（见图 3-1 中的选项 2），系统会提示单独的元变量和数据变量对话框（见图 3-4），允许以 3.3.1 节中描述的类似方式来修改元变量和数据变量。

图 3-4　用于定义元数据和数据变量的对话框

3.3.3　使用预定义的模板

如果选择标准或用户提供的数据集模板，则 ODV 将从模板中加载元数据和数据变量的列表。不支持用户对变量属性的更改。如果想调整标准变量模板，应该创建一个自定义模板并将模板放入 ODV 用户目录的"templates/collections"子目录中。用户数据集模板文件具有 .odv 扩展名并遵循 .odv 数据集文件的格式。

作为新数据集定义的最后一步，ODV 提供了数据集属性对话框（图 3-5），可以在其中指定要存储在数据集中的数据的范围和类型。还可以选择用于对数据进行排序的主变量。

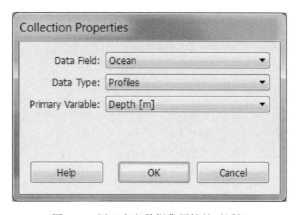

图 3-5　用于定义数据集属性的对话框

随后，ODV 创建数据集并在画布上绘制全球地图。注意，在此阶段数据集仍为空，且不包含任何站点数据。必须使用菜单栏上"Import"菜单中的选项将数据导入数据集。在创建数据集期间出现的所有对话框都包含有意义的初始设置。如果没有特殊要求，只需在所有对话框上单击"OK"即可生成完全有效的数据集。

3.4 数据集文件

本节分别概述 ODVCF 6、ODVCF 5 或 ODVGENERIC 数据集的目录结构和各种组成文件。这些信息是为熟练用户提供的，在出现问题或意外时可能会很有用。通常，用户不需要关心数据集的文件结构。

3.4.1 ODVCF 6 和 ODVCF 5

有关元数据和数据变量的信息存储在文件"<col>. odv"中。这是数据集"<col>"的定义文件，打开数据集时必须选择该文件。在 Windows 上，. odv 文件类型与 ODV 可执行文件关联，例如，双击 . odv 文件将启动 ODV 并打开数据集。包含 . odv 文件的目录是数据集的根目录。数据集中的所有其他文件都包含在集合根目录的一个名为"<col>. Data"（数据集基本目录）的子目录中。

数据集基本目录包含数据集的元数据和数据文件以及一些用于视图、断面或图形对象文件的子目录。子目录"xview"存储定义用户查看数据集中数据方式的视图文件。视图文件定义下列设置：如地图域、站点和样本选择标准、窗口布局和许多其他参数。

要复制、移动或重命名 ODVCF 6 或 ODVCF 5 数据集，请使用"Collection>Copy"或"Collection>Move/Rename"选项（表 3-8）。当手动复制或移动数据集时，请确保复制或移动 . odv 文件以及 <col>. Data 目录，包括所有子目录。ODV 数据集文件不能手动编辑（见表 3-9）。

表 3-8　ODVCF 6 或 ODVCF 5 数据集文件概要

文件	格式	说明
数据集文件		
<col>. odv	ASCⅡ	定义元数据和数据变量、数据集范围和类型。在 Windows 中此文件类型与 ODV 可执行文件关联，例如双击 . odv 文件将启动 ODV 并打开数据集
<col>. Data 子目录		
metadata	二进制	存储站点元数据（名称、位置、日期等）
data	二进制	存储站点数据和质量标志
info	ASCⅡ	数据集的说明（自由形式的文本格式；文件是可选的）
inventory	二进制	按航次分类的数据集清单列表
logfile	ASCⅡ	数据集日志文件，保存数据更改记录
settings	ASCⅡ	包含设置，例如键入变量标识，命名最近使用的视图文件，或最近的导入和导出目录
stringpool	二进制	包含 INDEXED_TEXT 字符串值和相关索引
history	二进制	包含历史字符串索引
historypool	二进制	包含历史字符串

注：数据集名称<col>不能包含字符/或\，并且不能包含空格。

表 3-9 **ODVCF 6 或 ODVCF 5 视图和断面文件概要**

扩展	格式	说明
<name>. xview	ASC Ⅱ	视图文件存储布局，值范围，派生和等值面变量选择和许多其他设置。在 xview 文件中记录了父数据集的名称。如果其他数据集使用 xview 文件，派生变量设置将丢失
<name>. sec	ASC Ⅱ	保存剖面概述和特征

注：文件名<name>是任意的。xview 和 sec 文件的默认位置是目录"<col>. Data/views"，但这些文件也可以存储在任何其他目录中。

3. 4. 2 ODVGENERIC

ODVGENERIC 数据集格式与旧版 ODV 3 软件一起引入，并且仍支持向后兼容。注意，由 ODV 创建的所有新数据集都是 ODVCF 6 格式。

数据变量列表、站点元数据和实际站点数据分别存储在 . var、. hob 和 . dob 文件中。cfg 文件存储视图设置，用于定义用户查看数据集中数据的方式。视图设置包括诸如地图域、站点选择标准、窗口布局和许多其他参数（表 3-10）。所需的 . var、. hob 和 . dob 数据集文件必须全部位于相同的目录（数据集目录）中。cfg 文件可能存储在磁盘上的任何位置。ODV 数据集文件不能手动编辑（见表 3-11）。

表 3-10 **ODVGENERIC 数据集文件概要**

文件	格式	说明
基本文件		**必备**
<col>. var	ASC Ⅱ	定义数据变量，存储数据集名称和站点数量。在 Windows 中此文件类型自动和 ODV 可执行程序关联，例如双击 . var 文件启动 ODV 并打开各自的数据集
<col>. hob	二进制	存储站点元数据（名称、位置、日期等）
<col>. dob	二进制	存储实际站点数据和质量标志
信息文件		**可选**
<col>. info	ASC Ⅱ	描述数据集（自由形式的文本格式）。当打开 nerCDF 文件时，ODV 自动创建 . info 文件，包含范围和变量信息
补充文件		**如果不存在则自动创建**
<col>. inv	ASC Ⅱ	按航次的数据集清单列表
<col>. cid	二进制	航次 ID 号
<col>. log	ASC Ⅱ	数据集日志文件，保存数据修改记录
<col>. idv	ASC Ⅱ	作为输入派生变量的键入变量列表 ID（深度、温度、氧等）
<col>. cfl	ASC Ⅱ	包含最近使用的配置文件和输出目录名称

注：数据集名称<col>不能包含/或 \ ，并且不应包含空格。所有文件必须位于同一目录（数据集目录）中。

表 3-11　ODVGENERIC 视图和断面文件概要

扩展	格式	说明
<name>. cfg	二进制	配置文件存储布局，值范围，派生和等值面变量选择，以及许多其他设置。拥有配置的数据集名称被记录在 cfg 文件里面。如果不同的数据集使用 cfg 文件，将出现某些限制
<name>. sec	ASC II	存储断面概述和特性

注：文件名<name>是任意的。cfg 和 sec 文件可能位于任何目录中。

3.5　平台独立性

　　所有 ODV 数据集和视图文件都是独立于平台的，可以在所有支持的系统（Windows、Mac OS、Linux 和 UNIX）上使用，无须修改。

4 导入数据

ODV 可以导入新数据并将其附加到现有数据集或将数据添加到新创建的数据集，支持各种文件格式，其中包括许多重要的海洋学数据格式以及各种列式电子表格文件。数据导入可以一次处理一个文件，也可以一次导入多个文件。导入文件可以通过文件选择对话框完成，也可以在单独的文件中提供文件名列表。用户可以使用内置的列表文件生成器轻松生成文件列表。

以下描述的所有导入方式可以以两种模式运行：开始导入时数据集打开或未打开。

数据集打开

如果在启动导入时数据集打开，则 ODV 将分析所有选定的导入文件并构建文件中包含的变量(源变量)的超集。然后，ODV 显示"导入选项"对话框，允许用户将导入文件中的变量与当前打开的数据集(目标变量)的变量相关联。然后，ODV 将所有导入文件中的数据导入到当前打开的数据集中。

海洋数据网(SDN)导入方式略有不同。当启动导入时，有数据集被打开，会在导入过程开始前关闭该数据集。SDN 导入通常采用第二种方式进行。

数据集未打开

如果在启动导入时数据集未打开，则 ODV 还将分析所有选定的导入文件并构建文件中包含的变量(源变量)的超集。然后 ODV 自动创建一个或多个合适的目标数据集以接收导入的数据。目标数据集包含分析导入文件时找到的变量。源变量和目标变量之间的关联会自动建立，导入过程无须用户干预。用户可以指定新建数据集的名称和路径(SDN 导入除外)。

表 4-1 提供了不同导入方式的概况以及启动此导入的方式。

表 4-1 ODV 导入和导入的初始化方式

	ODV 电子表格	ARGO 格式	GOSUD	GTSPP	Medatlas 格式	Sea-Bird CNV	SeaDataNet 格式	世界海洋 数据库	WOCE 格式
"Import"菜单选项	√	√	√	√	√	√	√	√	√
"File>Open menu entry"选项	√	—	—	—	—	—	—	—	—
文件拖放	√	—	—	—	—	√	—	—	√[1]
命令文件	√	√	√	√	√	—	—	√	—
多文件导入	—	√	√	√	√	—	√	—	√
文件-特殊变量	√	—	—	—	—	—	—	—	√

注：WOCE WHP CTD _ct1.zip 文件必须在拖放到 ODV 之前解压。

"Import"菜单选项：这是启动导入的默认方式。从"Import"菜单中选择适当的条目，然后指定要导入的文件。在导入到打开的数据集中时，可能会禁用一些导入方式以防止导入不兼容的数据。例如，时间序列数据无法导入包含垂直剖面的数据集中。

"File>Open menu entry"选项：通过"File>Open menu entry"导入是启动单个文件导入的简单方式。目前这仅支持 ODV 电子表格文件。一旦显示打开对话框，将类型过滤器切换到数据文件并选择电子表格文件。

文件拖放：某些导入只需在文件浏览器中选择一个或多个文件，然后将这些文件拖放到 ODV 窗口即可导入数据。ODV 根据第一个拖入文件的文件类型选择适当的导入类型。对于未知文件类型，则假定为 ODV 电子表格导入。

命令文件：一些导入程序可以通过调用 ODV 命令文件以批处理模式运行。有关更多信息，请参阅 ODV 命令文件一章。

多文件导入：大多数导入允许每次导入多个文件。导入文件可通过文件选择对话框、多文件拖放或通过在单独文件中提供文件名列表来手动选择。可以使用内置的列表文件生成器轻松生成文件列表。如果想要从多个目录中导入多个文件或者打算重复导入并且不想手动选择大量文件，这是十分有帮助的。

文件–特殊变量：一些导入通过分析导入文件并构建文件中变量的超集来动态确定导入变量列表，而其他导入总是使用导入文件中一组固定的导入变量。模式 2 导入（启动时数据集未打开）会自动创建合适的目标数据集，接收所有导入变量的导入数据。

4.1　ODV 电子表格文件

ODV 可以读取和导入各种电子表格类型文件中的数据。如果导入文件的格式符合 ODV 通用电子表格格式，则数据导入将是全自动的，并且不需要用户参与。可以使用菜单选项"Import>ODV Spreadsheet"和"File>Open"来打开和导入电子表格文件，也可以将它们拖放到 ODV 窗口或图标上。ODV 可以导入与通用格式不一致的电子表格数据文件，但是导入这些文件通常需要用户提供反馈意见，例如通过识别导入文件的特定列，为所需元变量（经度、纬度、日期和时间）提供数据。

可以导入包含或不包含站点元数据信息以及带有或不带有列标签的电子表格文件。ODV 电子表格文件可能包含注释，并且列分隔字符可能是 Tab 或分号。缺失数据可能由特殊的数字、文字指示符或空数据字段表示。电子表格文件可能包含来自一个或多个航次的多个站点的数据。每个站点可以包含无限数量的样本（每个样本一行）。一个站点的样本必须连续排列，但不一定需要排序。

在读取电子表格文件时，只要 Cruise、Station、Type 和 LOCAL_CDI_ID（如果存在）中的一个或多个条目从一行更改到下一行，ODV 就会将数据拆分为多个站点数据。即使 Cruise、

Station 和 Type 保持不变，如果日期/时间、经度和/或纬度变化超过某个指定的值，也会将数据分配给另一个站点。默认变化值在时间上为一小时，在经度或纬度上为 0.1°。这些值可以通过"View>Settings>Spreadsheet Import"选项进行修改。

如果数据文件中没有提供站点信息，ODV 则会检查日期、时间、经度和纬度值，并且每当这些值中的一个或多个发生变化就会出现站点中断。所有站点的元数据，如日期/时间、经度和纬度，均取自导入文件中站点的第一个样本行。

从文件导入的数据被添加到当前打开的数据集中，或者如果当前没有打开的数据集，则将其添加到合适的新创建的数据集中。

要将数据从电子表格文件导入到当前打开的数据集中，请选择"Import>ODV Spreadsheet"，并使用标准的文件选择对话框来识别数据文件(图 4-1)。指定导入选项，然后单击"OK"键开始数据导入。电子表格文件也可以拖放到 ODV 图标或打开的 ODV 窗口上。

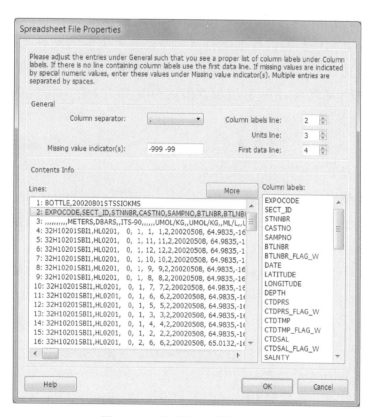

图 4-1　电子表格文件属性对话框

如果该文件不是通用的 ODV 电子表格文件，则将出现电子表格文件属性对话框，并允许指定列分隔字符和一个或多个缺失的数据值。注意，多个缺失的数据值必须由一个或多个空格分隔。导入文件为空或包含空字段被认为是缺失数据。还可以指定第一个数据行和包含列标签和单位的行。如果标签和单位在不同的行上，它们的行号应该不同。ODV 为所有项目提供了合理的默认值，在大多数情况下，只需要进行一些更改。通过列标签框中的垂直标签列表选择列分隔字符。当所有电子表格文件属性设置完毕时单击"OK"键，或单击"Cancel"键放弃导入。

如果元数据的列标签与 ODV 通用电子表格格式中定义的推荐标签不同时，则会出现一个元变量关联对话框。此对话框可将输入列与数据集元变量相关联，或者为输入文件中未提供的元变量设置默认值。准备好的相关变量用星号（＊）标记。有关更多详细信息，请参见"关联元变量对话框"章节。

4.2 SDN 电子表格和 NetCDF 文件

欧洲 SDN 项目允许从欧洲数据中心网络中检索海洋数据（http：//www. seadatanet. org）。作为数据查询的结果，SDN 提供了许多压缩文件，每个数据中心都有一个响应查询。这些压缩文件包含大量单个数据文件，每个文件都包含单个剖面、时间序列或轨迹数据。

SDN 数据文件以 ODV 电子表格格式或 NetCDF 文件形式提供。"Import > SeaDataNet Formats"选项允许导入两种类型的数据文件，即使是非常大量的文件也可提供简单的数据导入程序。所有选定的单个导入文件（可以在一个导入步骤中包含 zip、csv、txt 和 nc 文件）将被一步处理，并且创建单独的 ODV 数据集并用从 SDN 导入文件中找到的每个数据类型进行填充。

一旦下载了 SDN 数据，压缩文件就会调用"Import>SeaDataNet Formats"。然后导航到包含下载文件的目录并选择要导入的文件。每次启动 SDN 导入时，都会在 SDN 父目录中创建一个子目录，导入过程的输出将写入该子目录。用户可以通过"View>Settings>Import>SDN Import"检查和修改 SDN 父目录的名称。新数据集写入其中的子目录的名称由当前日期和时间组成，名称对于执行的所有 SDN 导入而言都是唯一的。

ODV 将自动解压所有选定的 SDN zip 格式的存档文件，并将分析所有单独提取的电子表格或 NetCDF 文件的内容。这包括分析 SDN 语义标题行以及输入文件的列标题行、测试 SDN 电子表格格式兼容性（排除不兼容的文件），根据文件的主变量收集有关可用变量和文件分组的信息。另外 ODV 将搜索 csv 格式的元数据文件并将其内容提取到其他元变量中。//<SDN_REF-ERENCES>和//<sdn_reference>注释行的内容被提取并提供给 Reference 元变量。参考元变量中的 LOCAL_CDI_ID、EDMO_code 和 URL 条目是可点击的，因此可以在 Web 浏览器中打开了解更深入的信息。readme. txt 文件的内容（如果有的话）被提取并用于所有已创建的数据集的使用协议对话框。

ODV 将为遇到的每种数据类型创建单独的数据集，并将匹配文件的数据导入特定数据集。SDN 导入过程完成后，可以通过"File>Recent Files"选项打开新创建的数据集。如果要将数据集移动到不同的目录和/或根据选择重新命名，请使用"Collection>Move/Rename"。

以下是 ODV 为创建目标数据集所应用的策略以及每个目标数据集变量集合组成的详细描述。

首先，ODV 分析所有 SDN 导入文件的列标题行，检测任何给定文件中使用的主变量（元变量之后的第一个变量），并根据其主变量对导入文件进行分组。对于每个文件组，ODV 接着编译这些文件中出现的变量的超集，然后创建一个由编译超集中所有变量组成的 ODV 数据集。来自组中所有文件的数据最终被导入到特定的数据集中。

在编译给定文件组变量的超集时，每当在文件的列标题行中找到新的变量标签，就会创建一个新变量，而不管其语义标题中的 SDN 参数代码如何。例如，如果在单个文件或单个文件组中找到两个标签"Temperaure_sensor1"和"Temperature_sensor2"（都带有语义标题条目 SDN：P01：：TEMPPR01），则 ODV 将在目标数据集创建单独的变量"Temperaure_sensor1"和"Temperature_sensor2"。

如果在不同的文件中出现名称相同但单位不同的变量，也会创建单独的变量。例如，两个文件中的磷酸盐（μmol/L）和磷酸盐（μmol/kg）将导致出现两个单独的变量。注意，在任何给定的文件中标题行中的变量名称必须是唯一的。ODV 不支持在给定的文件中使用相同的名称超过一次[如磷酸盐（μmol/L）和磷酸盐（μmol/kg）]。给定变量的两个变体可以出现在单个文件中，但变量名称必须不同（例如 Phosphate_1 和 Phosphate_2）。

以上用于创建单独变量的规则不适用于位于"<install>/include/import"目录中的"sdn_import_settings.xml"文件的标签组中列出的变量。注意，用户可以在"<user>/import"目录中创建一个额外的"sdn_import_settings.xml"文件，包含其他用户特定设置。如果发生冲突，用户设置将保留。

只要在 SDN 导入文件中遇到包含在"sdn_import_settings.xml"文件的标签组中的变量，就会使用设置文件中指定的变量标签而不是 SDN 导入文件中的标签。例如，代码为 SDN：P01：：PRESPR01、SDN：P01：：PRESPS01 和 SDN：P01：：PRESPS02 的变量都被赋予为压力标签，并且只创建一个压力数据变量。在导入期间，来自所有三个导入变量的数据将被分配给单独压力目标变量。几个单独变量组合成一个目标变量只适用于使用相同单位的单个变量。如果找到不同的单位，将创建单独的变量。例如，如果在上面的例子中，SDN：P01：：PRESPR01 和 SDN：P01：：PRESPS01 变量使用 dBar，而 SDN：P01：：PRESPS02 使用 Bar，则将创建两个目标变量 Pressure（dBar）和 Pressure（Bar）。在导入期间，SDN：P01：：PRESPR01 和 SDN：P01：：PRESPS01 加载到 Pressure（dBar）中，SDN：P01：：PRESPS02 加载到 Pressure（Bar）中。

如果想确保两个或更多 SDN 参数代码的数据合并为单个数据变量，则应创建一个用户设置文件"<user>/import/sdn_import_settings.xml"并添加特定代码的条目。例如，如果知道不同的代码 SDN：P01：：ODSDM021、SDN：P01：：PPSUCS01、SDN：P01：：PSALCC01 等用于不同 SDN 导入文件中的盐度，并且希望将所有这些数据合并到一个变量"Salinity"中，应该将以下行添加到用户"sdn_import_settings.xml"文件的"<Labels>"标记中：

<Entry code="SDN：P01：：ODSDM021" value="Salinity"/>；

<Entry code="SDN：P01：：PPSUCS01" value="Salinity"/>；

<Entry code = "SDN：P01：：PSALCC01" value = "Salinity"/>。

如上所述，合并成单个目标变量只适用于使用相同单位的单个变量。

"sdn_import_settings. xml"文件还包含"<PrimaryVarAttributes>"标记，用于指定已知主变量的目标数据集名称、数据集范围(通用范围、海洋、大气、陆地、冰盖、海冰、沉积层)和数据集数据类型(常规类型、剖面、轨迹、时间序列)。

可以在用户"sdn_import_settings. xml"文件中指定其他条目。

导入 SDN 数据文件后，可以打开任何一个生成的数据集，并使用"Export>Station Data>SDN Aggregated ODV Collection"选项自动汇总变量。

4.3 世界海洋数据库数据

可以使用 ODV 将来自美国国家海洋学数据中心(NODC)的世界海洋数据库(WOD)的原始水文数据导入到现有或新的数据集中。WOD 导入也可以在没有数据集打开的情况下被调用，那么将自动创建一个合适的目标数据集，以接收导入数据。ODV 支持 1998、2013、2009、2005 和 2001 版本的 WOD。可以使用 WOD CD-ROM 中的数据文件或 WOD 网站下载的文件。用户应确保以 ASCⅡ格式获取 WOD 文件，NetCDF 或 csv 文件格式的 WOD 数据无法导入。

要将 WOD 数据导入到现有数据集中，先打开数据集。要导入到新的数据集，先创建数据集并确保在定义数据变量时选择"WOD"变量。要手动选择一个或多个 WOD 数据文件以导入到当前打开的数据集中，选择"Import>U. S. NODC Formats>World Ocean Database"。使用标准文件打开对话框选择一个或多个要导入的 WOD 的 . gz 数据文件。如果要选择已解压缩的 WOD 文件，选择文件类型"All Files（＊.＊）"。

然后指定导入选项并单击"OK"键开始数据导入。ODV 将读取选定的 WOD 数据文件并导入满足站点选择标准的所有站点。导入站点的航次标签包含 WOD 标识符(WOD13、WOD09、WOD05、WOD01 或 WOD98)，后跟两个字符的 NODC 国家代码和唯一的 OCL 航次编号。单个条目用下划线"_"分隔。(要创建没有 OCL 航次编号的简化航次标签，通过"View>Settings"选项修改 WOD 导入设置，并检查"Short WOD"航次标签框。)

ODV 使用唯一的 OCL 剖面编号作为站号。ODV 识别并使用导入文件中的 NODC 数据质量标志(见下文)。数据创建者提供的质量标志被忽略。OCL 航次编号、创建航次名称和站点名称以及调查员姓名均作为附加元数据提供。

当使用文件打开对话框手动选择导入文件作为替代方法时，可以准备一个包含要导入的所有文件名称的 ASCⅡ文件，然后在文件打开对话框中选择列表文件。如果想要从多个目录中导入大量文件，或者如果打算重复导入并且不想再次手动选择大量文件，这种方法非常有用。列表文件中的文件名必须是绝对路径名，每行一个文件名。ODV 列表文件的默认扩展名是 . lst。可以使用内置的列表文件生成器轻松生成文件列表。

创建列表文件后，用户可以选择"Import>U. S. NODC Formats>World Ocean Database"并选择先前创建的列表文件。如前所述，然后指定导入选项，单击"OK"键开始数据导入。ODV 将读取列表文件中列出的所有文件，并将所有站点导入到当前打开的数据集中。

注意，WOD 数据已经过质量控制，并且通常包含大量由数据创建者或美国 NODC 标记为质量差或存疑的数据。ODV 在 WOD 文件中导入和维护数据质量信息，并自动将 WOD 质量标志映射到目标数据集中使用的质量标志方案。如果目标数据集是使用 WOD 变量创建的，则数据变量将使用 WOD 质量标志方案，并且导入文件中的原始 WOD 质量标志将保留在 ODV 数据集中。查看数据时，应该考虑采用样本选择标准作为数据质量过滤器，以排除存疑和不良数据。

4.4 ARGO 浮标数据

用户可以使用 ODV 从单个或多个 ARGO 文件(核心和生物数据，3.1 版本，NetCDF 格式)导入剖面和轨迹数据到 ODV 漂流剖面或轨迹数据集。ARGO 导入也可以在没有数据集打开时调用，在这种情况下，自动创建一个合适的目标数据集接收导入数据。ARGO 文件可以从 Coriolis 和 GODAE 数据中心下载，网址为 http：//www. coriolis. eu. org/和 http：//www. usgodae. org/argo/argo. html。ODV 接受 ARGO 数据的 . nc 文件以及 . gz 或 . zip 压缩包。

应使用 ARGO 剖面或轨迹变量集将 ARGO 数据导入到数据集中。如果尚未打开此类数据集，请使用"File>New"选项创建一个数据集。当提示定义数据变量时，请根据要导入的数据类型选择"ARGO Profile"或"ARGO Trajectory"。如果还想为 ARGO 中间参数导入数据，请选择"ARGO Profile(including intermediate variables)"。一旦接收数据集已创建并打开，通过选择"Import > ARGO Formats > Float Profiles (NetCDF v3. 1)"或者"Import > ARGO Formats > Float Trajectories(NetCDF v3. 1)"来启动数据导入。ODV 会提供一个标准的文件打开对话框，并允许在给定的目录中选择一个或多个 ARGO NetCDF 数据文件，或者可以选择一个包含要处理的文件名列表的 ASCⅡ 文件。此列表文件必须在开始导入之前进行准备。文件每行必须包含一个绝对文件路径条目。列表文件必须具有扩展名 . lst。可以使用内置列表文件生成器轻松生成文件列表。

然后，ODV 显示导入选项对话框。如果导入专门为 ARGO 浮标剖面或轨迹数据创建的数据集(参见上文)，只需单击"OK"键即可开始数据导入。

ARGO 剖面或轨迹数据集中的变量包括压力、温度、盐度、氧气以及 bioARGO 文件中提供的许多生物光学变量。这些变量有两种版本：①实时数据或原始数据(第一组，变量标签中的后缀为"original")；②延迟模式或调整后的数据(第二组，后缀为"adjusted")。文件中找到的调整误差数据用作相应调整变量的 $1-\sigma$ 误差数据。注意，实时数据文件不包含调整后的数据。

数据导入时，NetCDF 文件中的 ARGO 数据质量标志被识别并转换为目标变量的质量标志方案。如果目标数据集是 ARGO 剖面或轨迹数据集，则会使用原始 ARGO 质量标志值，并且不会发生质量标志转换。有关质量标志映射的详细信息，请参阅文件"ODV4_Quality FlagSets. pdf"。

对于 ARGO 剖面数据，ODV 站点名称由周期编号、可选的子周期指示器（a、b、c 等），数据模式指示器（R 表示实时数据，D 表示延迟模式数据，A 表示具有调整值的实时数据）和剖面文件方向代码（A 表示升序，D 表示降序）组成。对于 ARGO 轨迹数据，ODV 站点名称由轨迹索引和数据模式指示器组成。如果数据是从 bio ARGO 文件导入的，则后缀_bio 将附加到站点名称上。比如，站点标签 71a_R_A 表示包含来自第 71 个浮动周期的第二个上升剖面的实时数据的站点。标签 15_D_A 表示第 15 个浮动周期的第一个上升剖面的延迟模式数据。请参见垂直样本表中元变量的值，以了解各自剖面的测量值。

在所有情况下，ARGO 平台编号都用于航次元变量。当导入 ARGO 轨迹文件时，只导入具有有效地理位置的循环（一个测量周期）。

根据上述程序，ARGO 剖面和轨迹输入不包括 ARGO 中间参数，这些参数是为许多生物光学和生物化学参数定义的，并且包含在一些 bioARGO 文件中。可以在导入中包含中间参数，方法是通过"File>New"首先创建新的目标数据集并选择 ARGO 剖面（包括中间变量）数据集模板。打开数据集，通过"Import>ARGO Formats>…"启动 ARGO 导入，然后按上述步骤操作。

一旦导入，可以通过"View>Sample Selection Criteria"选项设置适当的质量标志选择标准来过滤数据，并排除不良数据。

4.5　GTSPP——全球温盐剖面计划

可以使用 ODV 将来自 GTSPP（3.8 和 4.0 版本，NetCDF 格式）的数据导入 ODV 数据集。GTSPP 导入也可以在没有打开数据集的情况下调用，在这种情况下，自动创建一个合适的目标数据集接收导入数据。GTSPP 文件可以从美国国家海洋数据中心下载，网址为 http：//www. nodc. noaa. gov/GTSPP/。

应使用 GTSPP 变量将 GTSPP 数据导入数据集。如果尚未打开此类数据集，请使用"File>New"选项创建一个。当提示定义数据变量时，请选择"GTSPP"（全球温盐剖面计划）。选择"Import>U. S. NODC Formats>GTSPP"启动数据导入。ODV 随后显示一个标准文件打开对话框，并允许在给定目录中选择一个或多个压缩的 GTSPP 文件包（. tgz 或 . zip）或 GTSPP NetCDF 数据文件（. nc）。或者可以选择一个包含要处理的文件名列表的 ASCⅡ文件。此列表文件必须在开始导入之前准备。文件每行必须包含一个文件路径条目，并且文件路径必须是绝对路径名。列表文件必须具有扩展名 . lst。可以使用内置列表文件生成器轻松生成文件列表。

随后，ODV 显示导入选项对话框。如果导入为 GTSPP 数据创建的数据集（见上文），只需单击"OK"键即可开始数据导入。

GTSPP 数据集的变量是深度、温度和盐度。在导入过程中，GTSPP 文件中的任何压力值都会转换为深度。GTSPP 数据集有一个附加元变量，称为"数据类型"。该变量保存关于所用仪器类型或全球联合海洋服务系统(IGOSS)无线电信息类型的信息。需要 ODV 4.4.2 或更高版本才能访问此信息。以前的版本不显示这些值。

在导入期间，NetCDF 文件中的 GTSPP 数据质量标志被识别并转换为目标变量的质量标志方案。如果目标数据集是由 ODV4 或更高版本创建的 GTSPP 数据集(推荐)，则不会发生质量标志转换，并且原始 GTSPP 质量标志值将存储在数据集中。有关质量标志映射的详细信息，请参阅文件"ODV4_QualityFlagSets. pdf"。

一旦导入，可以通过设置适当的质量标志或界定样本选择标准来筛选数据并排除不良数据。

4.6 GOSUD——全球温盐走航数据

可以使用 ODV 将来自 GOSUD (3.0 版本，NetCDF 格式)的数据导入 ODV 数据集。GOSUD 导入也可以在没有打开数据集的情况下调用，在这种情况下，自动创建一个合适的目标数据集接收导入数据。GOSUD 实时和延时模式文件可以从 http：//www. gosud. org/下载。

应使用 GOSUD 变量将 GOSUD 数据导入数据集。如果尚未打开此类数据集，请使用"File> New"选项创建一个。当提示定义数据变量时，选择"GOSUD"，选择"Import > GOSUD NetCDF v3"启动数据导入。ODV 随后显示一个标准文件打开对话框，并允许在给定的目录中选择一个或多个 GOSUD NetCDF 数据文件(. nc)，或者可以选择一个包含要处理的文件名列表的 ASCⅡ文件。此列表文件必须在开始导入之前准备。文件每行必须包含一个 nc 文件路径条目，并且文件路径必须是绝对路径名。列表文件必须具有扩展名 . lst。可以使用内置的列表文件生成器轻松生成文件列表。

ODV 随后显示导入选项对话框。如果导入为 GOSUD 数据创建的数据集(见上文)，单击"OK"即可开始数据导入。

GOSUD 数据集的变量是深度、温度和盐度。质量控制的延迟模式数据除了原始数据外，通常包含调整后的温度和盐度数据。

在导入期间，NetCDF 文件中的 GOSUD 数据质量标志被识别并转换为目标变量的质量标志方案。如果目标数据集是由 ODV4 或更高版本创建的 GOSUD 数据集(推荐)，则不会发生质量标志转换，并且原始 GOSUD 质量标志值将存储在数据集中。有关质量标志映射的详细信息，请参阅文件"ODV4_QualityFlagSets. pdf"。

一旦导入，可以通过设置适当的质量标志或界定样本选择标准来筛选数据并排除不良数据。

4.7 世界大洋环流实验（WOCE）水文数据

可以使用 ODV 将世界大洋环流实验水文计划（WHP）交换格式的原始水文数据导入到现有或新的数据集中。WOCE 导入也可以在没有打开数据集的情况下启动。在这些情况下，应确定导入文件中包含变量的超集，并自动创建一个合适的接收数据集。

WHP 交换格式数据文件可以在气候变率及可预测性计划（CLIVAR）和碳水文数据办公室（CCHDO）网站上获取。

要将数据导入到现有数据集中，请打开数据集。要导入到新数据集，创建数据集并确保在定义要存储在数据集中的变量时选择"WOCE WHP Bottle"变量或"WOCE WHP CTD"变量。要根据选择的 WOCE 导入文件的内容自动创建合适的数据集，只需使用"Import>WOCE Formats>…"启动相应的 WOCE 数据导入，而无须打开任何数据集，并指定新 ODV 数据集的名称和位置。

要将 WHP 交换格式采水瓶数据导入到当前打开的数据集中，请从 ODV 主菜单中选择"Import>WOCE Formats>WHP Bottle（exchange format）"。使用标准文件选择对话框来选择 WHP 数据集。WHP 采水瓶交换文件的默认后缀是_hy1.csv。如果数据文件具有不同的扩展名，请在文件选择对话框中选择文件类型"All Files"。然后指定导入选项并单击"OK"键开始数据导入。ODV 将读取并导入数据文件中的所有站点。除了实际数据值之外，ODV 还识别并导入 WOCE 数据质量标志。这些质量标志稍后可用于过滤数据，例如排除不良或可疑数据。可以通过从地图弹出菜单中单击"Selection criteria"来修改数据质量过滤器（选择"Sample Selection"选项卡）。

导入包含多个站点的文件时，每当航次名称或站点编号更改时，ODV 都会拆分站点。站点的经度、纬度和观测时间是取单个样本值的平均值获得的。无法导入具有无效纬度或纬度值的样本。

提取 WOCE WHP 采水瓶文件顶部的注释并存储为单独文本文件，作为数据集的一部分。这些文件的链接记录在元变量注释中，只需单击注释链接即可查看内容。在数据文件旁边的航次报告也会添加到数据集中，航次报告的链接保留在元变量报告中。单击"Report"条目可以在网络浏览器中显示该文件。

要将 CTD 数据导入到当前打开的数据集中，请从 ODV 主菜单中选择"Import>WOCE Formats>WHP CTD（exchange format）"，然后选择要导入的包含 CTD 数据的_ct1.zip 文件。设置导入选项后，ODV 将解压缩文件并将所有 CTD 站点导入当前打开的数据集。通过将文件类型过滤器切换为适用于单个 CTD 配置文件_ct1.csv 或全部文件，可以选择具有不同扩展名的输入文件。

可以在一次导入操作中从多个 WHP 采水瓶或 CTD 交换文件导入数据。一种方法是准备一个默认扩展名为.lst 的 ASCⅡ文件，其中包含要导入的文件的名称。使用完整路径名，并为每行指定一个文件名。然后选择"WOCE formats>WHP Bottle（exchange format）"或"WOCE formats>WHP CTD（exchange format）"，将文件类型过滤器更改为.lst，选择列表文件，指定导入选项，然后单击"OK"键开始数据导入。多文件数据导入的另一种方式是在文件打开对话框中选择多个 WHP 采水瓶或 CTD 交换文件。当选择多个.lst 列表文件时，只有第一个列表文件将被识别用于数据导入。

4.8　Medatlas 格式数据

Medatlas 格式用于创建 MEDAR/Medatlas 2002 数据汇编，其中包含地中海和黑海的水体数据[MEDAR Group，2002-MEDATLAS/2002 数据库，地中海和黑海温盐和生物化学参数数据库，气候图集，IFREMER 版（4 CDS）]。Medatlas 格式也用于各种类型的时间序列数据，包括海流计、热敏电阻链、海平面仪器、气象浮标和沉积物采样器。

ODV 允许导入所有这些不同的数据类型。由于不同数据类型的变量集差别很大，因此必须确保接收的数据集使用一组匹配的变量。Medatlas 采水瓶和 CTD 剖面数据有预定义变量集，时间序列数据有两个变量集（一个用于沉积物采样器数据，另一个用于其他所有的时间序列数据）。当为 Medatlas 数据创建新的数据集时，用户应该选择适当的变量集（见下文）。

Medatlas 格式的数据可以导入到任意 ODV 数据集，然而 Medatlas 导入变量与数据集目标变量的手动关联通常是必需的。注意，Medatlas 时间序列数据集中的时间始终是自 1900-01-01 00:00 以来的年数。无法使用其他单位（例如日）或使用不同的参考日期。为了便于数据导入并避免手动变量关联，应该使用适当的 Medatlas 变量集创建目标数据集。要创建这样的数据集，使用"File>New"选项。当提示定义数据变量时，为 Medatlas 采水瓶数据选择"Medatlas Bottle variables"，为 Medatlas CTD、XBT 或 MBT 数据选择"Medatlas CTD variables"，为 Medatlas 沉积物采样器数据选择"Medatlas Sediment Trap variables"，为所有其他 Medatlas 时间序列数据（例如来自海流计、热敏电阻链、海面仪器或气象浮标的数据）选择"Medatlas Time Series variables"。

Medatlas 导入也可以在没有打开数据集的情况下进行，在这种情况下，会自动创建接收导入数据的合适目标数据集。

要启动数据导入，对于采水瓶、CTD、XBT 或 MBT 数据选择"Import>Medatlas Formats>Profile Data"，对于所有时间序列数据选择"Import>Medatlas Formats>Time Series Data"。两种导入方式都允许选择一个或多个 Medatlas 数据文件进行导入，或者也可以选择一个包含要处理的文件名列表的文本文件。该列表文件必须在开始导入之前进行准备。文件每行必须包含一个文件路径条目，并且文件路径必须是绝对路径名。列表文件必须具有扩展名.lst。可以使用内置的列表文件生成器轻松生成文件列表。

注意，由 ODV 创建的 Medatlas 时间序列和沉积物采样器数据集包含一个名为"仪器深度"

的元变量，该变量包含各个仪器的部署深度，比如海流计、热敏电阻链、海面仪器、气象浮标或者沉积物采样器。

在导入期间，合并 Medatlas 剖面数据文件中相同类型但不同单位的多个变量，可能涉及单位转换和/或偏移校正。

执行以下合并操作：

Pressure［decibar］=

| | 1 * | （PRES Pressure decibar） | +0 |
| | 1 * | （DEPH Depth m converted to Pressure decibar） | +0 |

Salinity［psu］=

| | 1 * | （PSAL PRACTICAL SALINITY P. S. U.） | +0 |
| | 1 * | （SSAL SALINITY（PRE-1978 DEFN）P. S. U.） | − 0.004 |

Oxygen［mL/L］=

	1 *	（DOX1 DISSOLVED OXYGEN mL/L）	+0
	0.022951 *	（DOX2 DISSOLVED OXYGEN micromole/kg）	+0
	0.022391 *	（DOXY DISSOLVED OXYGEN millimole/m³）	+0

Silicate［millimole/m³］=

| | 1 * | （SLCA SILICATE（SiO4−Si）CONTENT millimole/m³） | +0 |
| | 1.025 * | （SLCW SILICATE（SiO4−Si）CONTENT micromole/kg） | +0 |

Nitrate+Nitrite［millimole/m³］=

| | 1 * | （NTRZ NITRATE+NITRITE CONTENT millimole/m³） | +0 |
| | 1.025 * | （NTZW NITRATE+NITRITE CONTENT micromole/kg） | +0 |

Phosphate［millimole/m³］=

| | 1 * | （PHOS PHOSPHATE（PO4−P）CONTENT millimole/m³） | +0 |
| | 1.025 * | （PHOW PHOSPHATE（PO4−P）CONTENT micromole/kg） | +0 |

Alkalinity［millimole/m³］=

| | 1 * | （ALKY ALKALINITY millimole/m³） | +0 |
| | 1.025 * | （ALKW ALKALINITY micromole/kg） | +0 |

在每种情况下，都会遍历别名变量列表，直到找到(可能已转换的)值。注意，在实验室条件下样品的密度需要从体积单位(μmol/m³)转换为单位质量单位(μg/kg)。但是，此信息未包含在 Medatlas 文件中，并且必须应用近似转换公式。使用如上所述 1.025 kg/L 的恒定密度值，引入的误差小于0.2%。

Medatlas 数据文件中的 GTSPP 质量标志在导入过程中被识别并转换为目标变量的质量标志方案。如果目标数据集是由 ODV4 或更高版本创建的 Medatrade 剖面、时间序列或沉积物采样器数据集，则不会发生质量标志转换，并且原始 GTSPP 质量标志值将存储在数据集中。有关质量标志映射的详细信息，请参阅文件"ODV4_QualityFlagSets. pdf"。

4.9 Sea-Bird CNV 文件

可以使用 ODV 将 Sea-Bird . cnv 文件中的数据导入现有数据集或自动创建的适用于导入文件特定内容的新数据集。Sea-Bird . cnv 文件是使用 Sea-Bird 的 SBE 数据处理软件从原始 Sea-Bird 文件创建的。在导入这些文件时，ODV 可以拆分下放和回收数据到不同的站点。ODV 也可以使用用户指定的压力水层大小对数据进行水层平均。

要将 Sea-Bird . cnv 文件中的数据导入到现有的 ODV 数据集中，请先在 ODV 中打开接收数据集，然后将一个或多个 Sea-Bird CNV 文件拖放到 ODV 应用程序窗口中；或者从主菜单中单击"Import>Sea-Bird CNV"并选择一个或多个 Sea-Bird . cnv 文件；也可以选择一个包含要处理的 . cnv 文件名列表的 ASCⅡ 文件，该列表文件必须在开始导入之前进行准备。文件每行必须包含一个文件路径条目，并且文件路径必须是绝对路径名。列表文件必须具有扩展名 . lst。可以使用内置的列表文件生成器轻松生成文件列表。ODV 随后显示"Import Options"对话框，如果接受，则会导入所有选定的文件。

如果在将 Sea-Bird . cnv 文件放到 ODV 窗口中或者通过"Import>Sea-Bird CNV"选项选择 Sea-Bird . cnv 文件时没有打开数据集，则 ODV 将分析 Sea-Bird 文件的内容并自动创建包含导入文件中所有变量的数据集。然后，这个数据集将从文件接收数据。ODV 将显示标准文件保存对话框，可以指定新创建的数据集的名称和路径。

. cnv 文件中的第一个名称中包括"depth"（深度）、"pressure"（压力）、"time"（时间）或者"julian days"（儒略日）的变量，成为新创建数据集的主变量。对于剖面数据，主变量为压力或深度；对于时间序列数据，主变量为时间变量。如果 . cnv 文件中的深度、压力或时间变量使用不同的名称并且未自动识别，则必须在导入完成后手动设置该数据集的主变量。

请参阅更改数据集属性一章以获取有关如何执行此操作的说明，并确保为垂直剖面文件选择压力或深度，为时间序列数据选择时间变量（如 Julian Days）。

ODV 可以使用用户指定的压力水层大小对 Sea-Bird 数据进行水层平均。

对于每个文件，ODV 将搜索垂直坐标变量，必要时将数据转换为压力，然后执行水层平均。目前，ODV 以指定的顺序搜索以下 Sea-Bird 参数代码：

（1）Pressure(db)：prM, prDM, pr50M, prSM, prdM（不转换）；

（2）Pressure(psi)：prE, prDE, pr50E, prSE, prdE（乘以 0. 068 947 6）；

（3）Pressure, FGP(kPa)：fgp0-fgp7（乘以 0. 001）；

（4）Depth(m)：depSM, depFM, dNMEA（根据 TEOS10 进行转换）；

（5）Depth(ft)：depSF, depFF（乘以 0. 304 8，根据 TEOS10 进行转换）。

对于每个包含压力或深度数据的文件，ODV 都可以检查文件是否包含下放和回收数据，并将数据存储在两个单独的站点中。在目标数据集中，下放和回收数据在 Cast Type 元变量中由 up-cast 和 down-cast 字符串标记。可以在设置对话框中打开或关闭下放和回收数据拆分功能。

Sea-Bird .cnv 文件头可能在所提供的元数据项目的数量和格式上有很大不同。如果满足以下规则，ODV 可以识别元数据项目，例如航次名称、站点名称、日期和时间、经度和纬度。

（1）元数据行必须以"＊＊"（用户元数据）或"＊NMEA"开头。

（2）NMEA 元数据必须包含用于分隔名称和值的"＝"字符（例如，＊NMEA Latitude ＝ 44 01.58N)，而用户元数据必须使用"："作为分隔符（例如，＊＊ Latitude：44 01.58 N)。

（3）支持以下 NMEA 元数据：NMEA Latitude、NMEA Longitude 和 NMEA UTC（Time)。

（4）航次名称必须贴上 Cruise 标签。

（5）站点名称必须标记为 Station 或包含 Station 一词。

（6）经度和纬度必须标记为 Longitude 和 Latitude。

（7）经度和纬度值必须遵循以下格式（D）DD MM.mm O′，其中（D）DD 表示两位或三位度数值，MM.mm 表示小数分钟，O 表示方位 N、S、E 或 W。

（8）日期和时间必须标记为 UTC（Time)。

（9）日期和时间必须遵循格式"MMM dd yyyy hh:mm：ss"，其中 MMM 代表 3 个字符的英文月份缩写（例如 May)。

（10）底层深度信息必须标记为 Bottom Depth（m)。

Sea-Bird .cnv 文件可能包含多个 cast 序号的数据。多 cast 序号的 .cnv 文件必须在文件的标题中包含特殊的 cast 序号描述行。文件中每个 cast 序号必须有 cast 序号描述。cast 序号描述行必须具有以下形式：

＊cast 4 07 Jul 2015 09:00:29 samples 6415 to 7768，avg ＝ 1，stop ＝ mag switch

样本条目指定 cast 序号的第一个和最后一个数据行索引。＊END＊标题终止符之后的第一条数据行具有数据行索引 1。

注意，如果从文件中检索不到经度或纬度，则不会导入 Sea-Bird .cnv 文件的数据。如果未找到航次和/或站点名称，则 ODV 分别分配未知名称和文件名称。

导入 Sea-Bird .cnv 文件时创建的数据集包含一个额外的注释元变量，它为每个站点保存位于数据集的 misc/omments 目录中自动创建的注释文件的名称。注释文件包含从 .cnv 文件顶部提取的所有标题行，通常包含传感器标识和校准数据等重要信息。单击注释元数据值将在网页浏览器中显示注释文件的内容。ODV 还从 cnv 文件中提取操作者和船舶元数据，并赋值给操作者和船舶元变量。

4.10　关联元变量对话框

在导入数据时，ODV 将尝试自动检测导入文件中的强制元数据的来源，例如航次和站点名称、观测日期和地理位置。如果元变量的这种自动关联不成功，则会出现"Associate Meta Variables"对话框（图4-2），要求用户手动识别元数据的来源。

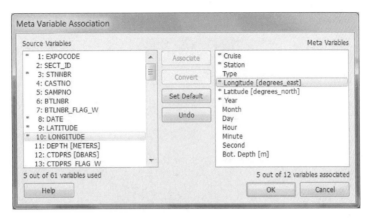

图4-2 关联元变量对话框

要定义新关联，请在"Source Variables"和"Meta Variables"（源变量和元变量）列表中选择项目并按"Associate"键。要在导入过程中调用转换，请单击"Convert"键并选择一种可用的转换算法。要删除现有的关联，请选择各自的变量并按下"Undo"键。如果导入文件不包含给定元变量的信息，则可以按如下方式指定默认值：①选择相应的元变量；②单击"Set Default"；③输入默认值。注意，指定的默认设置用于文件中的所有数据行。完成后单击"OK"键或单击"Cancel"键放弃导入程序。必须关联经度和纬度元变量（ODV无法处理没有给定地理位置的站点），否则"OK"键将保持禁用状态。

注意，组合源变量（例如 ISO 8601 日期和时间规范 YYYY-MM-DDThh:mm:SS.SSS）的关联或转换将自动与多个目标元变量（如 Year、Month、Day 等）关联。

4.11 导入选项对话框

导入数据时，ODV 将显示一个导入选项对话框，用于控制在数据导入过程中采取的操作（见图4-3）。

导入模式

添加/替换站点数据：如果要将数据从导入文件添加到数据集中，请选择此选项。如果选中"Check for existing stations"（检查现有站点）框，则 ODV 将搜索数据集中具有相同名称、日期和位置的站点，如果找到的话，则请求权限，用导入文件中的新站点替换数据集中的现有站点（请参阅下面有关站点搜索过程和样本匹配标准的描述）。

合并数据（选定变量）：如果要为一个或多个变量（合并变量）添加数据并保持其他变量的现有数据不变，请选择此选项。根据表4-2，给定样本的合并变量的合并值取决于现有变量值和新变量值。注意，对于此模式，无法取消选中"Check for existing stations"框。在添加数据之前，ODV 会在数据集中搜索匹配的站点（请参阅下面关于站点搜索过程和采样匹配标准的描述），如果找到的话，则从数据集中读取原始站点，为选定的变量添加数据并将原始站点更新为新版本。如果找不到匹配的站点，则通知用户。

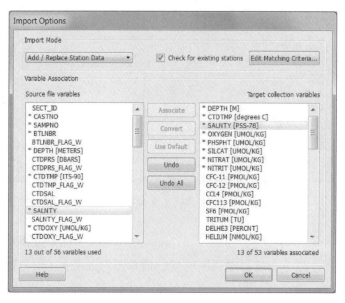

图 4-3　导入选项对话框

表 4-2　合并现有值和导入值的结果

现有值	新值	合并值
有	有	现有值和新值的平均
有	无	现有值
无	有	新值
无	无	值缺失

对于合并数据（选定变量）导入，请确保目标数据集的主变量与其中一个源变量相关联。这种关联对于正确识别接收数据的样本是必要的。如果主变量未关联，则导入选项对话框上的"OK"键（图 4-3）将被禁用。使用"Collection＞Properties＞General"选项来确定数据集的主变量。

更新数据（选定变量）：如果要更新一个或多个变量（更新变量）的数据并保留其他变量的现有数据不变，请选择此选项。给定样本的更新变量的更新值仅取决于新变量值，现有值将被丢弃。注意，对于此模式，无法取消选中"Check for existing stations"框。在更新数据之前，ODV 会在数据集中搜索匹配的站点（请参阅下面关于站点搜索过程和样本匹配标准的描述），并且如果找到，则从数据集中读取原始站点，为选定的变量添加数据并将原始站点更新为新版本。如果找不到匹配的站点，则通知用户。

关联变量

通常，导入文件中存储的变量的数量、顺序和含义与存储在数据集中的变量的数量、顺序和含义不同。因此必须建立源变量和目标变量之间的关联。ODV 自动将变量与匹配标签（名称和单位）相关联，并用"＊"标记相关变量。可以单击两个列表中的任何一个变量以标识其关联的伙伴变量。

要在一对源变量和目标变量之间建立关联，请单击相应的目标变量，再单击与目标变量关联的源变量，再单击"Associate or Convert"按钮。如果导入未经修改的文件中的数据值，则使用"Associate"；如果在导入期间需要执行转换，则使用"Convert"。使用"Convert"时，可以选择预定义的常用转换，或者可以建立自己的通用线性转换公式。

对于质量（μmol/kg）和体积（μmol/L）单位之间的转换，使用恒定密度值 $\rho = 1.025$ kg/L。这个特定的密度值表示在实验室条件下（$p = 0$ dbar，$T = 20℃$）转换所需的平均海水密度。不使用样品的实际盐度值而引入的误差小于 0.2%。在 μmol/kg 和 mL/L 之间的氧单位转换也使用密度值 $\rho = 1.025$ kg/L 和标准状况（STP）下，氧气（O_2）的摩尔体积为 22.391 L/mol。深度/压力转换使用相应的 TEOS-10 公式。

注意，可能会将多个源变量与给定的目标变量相关联。如果赋予目标变量（例如氧气）的数据位于文件中不同站点的不同列[可能不同的单位，如氧气（μmol/kg）和氧气（mL/L）]中，这是十分有用的。在这种情况下，会测试关联的源变量的数据可用性，并使用找到的第一个值。

用户可以为导入文件中未提供相应源变量的目标变量指定默认值。如果从 ASCⅡ 文件（包含三列 X、Y、Z，但不包含特定表面或深度层次的数据）中导入经/纬度地图的某些 Z 值，这将很有用。要设置目标值的默认值，请首先在目标数据集列表中选择一个变量，然后单击"Use Default"按钮并为此目标变量输入所需的默认值。注意，使用默认值的目标变量标有"+"符号。指定值将用于此操作期间导入的每个站点的每个样本。

不与目标变量关联的源变量不会被导入到数据集中。如果将数据合并到数据集中，则应该为主变量和应该添加到数据集中的变量建立关联。不要关联数据集已经保存数据的变量，这些变量应保持不变。注意，导入选项对话框中的"OK"键将保持禁用状态，直到目标数据集的主变量与其中一个源变量关联。

站点和样本匹配标准

如果选中"Check for existing stations"框，则可以单击"Edit Matching Criteria…"按钮自定义执行的测试以确定导入文件中的站点与目标数据集中的一个现有站点是否相匹配（"Station Matching"，见图 4-4）。还可以修改导入样本和目标站点匹配条件（"Sample Matching"）。仅在合并数据（选定变量）和更新数据（选定变量）导入期间执行样本匹配。

在"Station Matching"页面，可以打开或关闭、比较导入站点和目标站点的位置、日期/时间和名称的各种测试。如果所有请求的测试都成功，则认为这两个站点匹配。对于经度、纬度和时间，如果导入值和目标值在指定的误差内，则认为这两个站点是匹配的。

如果导入文件中的航次标签与目标数据集中相同站点的航次标签不同，则可以通过在"Target collection cruise label"组合框中选择一个航次，在"Source file cruise label"输入别名并单击"Associate"按钮建立航次别名。导入文件中找到的所有航次别名将在站点匹配过程开始前自动转换为相应的目标航次名称。当导入文件和目标数据集中使用不同版本的航次名称时（例如图4-4中的 ANT XV/4 和 SR04_06AQANTXV_4），这很有用。如果没有定义别名，则需要精确匹配航次名称。

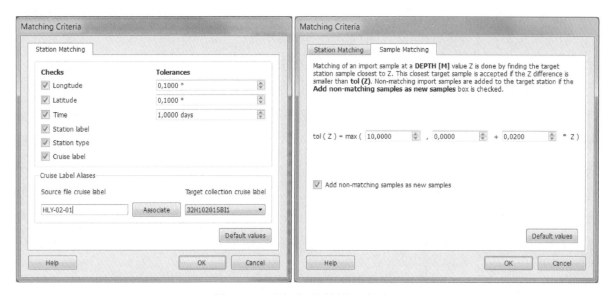

图 4-4　匹配标准对话框的两个页面

除了在数据集中找到匹配的目标站点之外，在执行合并数据和更新数据导入时，ODV 还需要匹配导入站点和目标站点的样本。通过比较导入样本和目标样本的主变量值并找到最接近的匹配来完成样本匹配。在"Sample Matching"页面上，当考虑匹配时，可以指定参数以确定导入样本和目标样本的接近程度。如果选中"Add non-matching samples as new samples"，则不匹配的样本将作为新样本添加到目标站点。否则，将忽略不匹配的样本并在导入日志文件中写入警告消息。

4.12　生成文件列表

ODV 有一个内置的列表文件生成器，可用于多个文件数据导入时创建 .lst 文件。如果想一次性将大量 ARGO、SDN、WOD 或 WOCE 数据文件导入 ODV 中，则这些列表文件很有用。要调用列表文件生成器，请使用选项"Tools>List File Generator"。

只需将文件或整个感兴趣的目录拖放到对话框上即可生成这些文件。当释放一个目录时，该目录或任何子目录中的所有文件都将被添加到列表中。如果应用指定文件名开头或结尾的过滤器，则只有满足过滤器的文件才会添加到列表中。这些过滤器必须在释放文件之前应用。这允许创建具有不同前缀和/或后缀的文件列表。注意，可以通过选中"Case sensitive"复选框来激活区分大小写的过滤。一旦创建了文件列表，就可以通过单击"Validate"或"Clear"按钮删除重复项目或清除当前选择项目。单个条目可以在列表中直接删除或编辑。

5 导出数据

5.1 电子表格文件

通过选择"Export>Station Data>ODV Spreadsheet File"，可以将当前所选站点的数据导出到单个 ODV 通用电子表格文件中。然后选择目标目录和文件名，选择要包含在导出文件中的变量(默认值：所有基本变量)，最后指定导出文件的属性。在"Spreadsheet File Properties"对话框中(图5-1)，可以指定一个缺失值字符串(默认值：空字符串)、经度值的范围(0°—360°E 或-180°—180°E)、元数据日期格式(ISO8601 yyyy-mm-dd Thh:mm: ss. sss 或 mon/day/ year)，用于时间序列日期/时间值的日期/时间格式(ISO8601 yyyy-mm-dd Thh:mm: ss. sss 或按年代顺序的儒略日或以年为单位的十进制时间)。注意，日期格式的数据条目仅适用于时间序列数据。

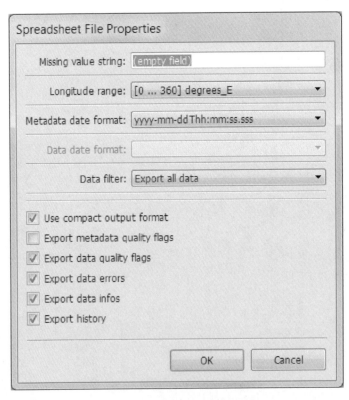

图 5-1　电子表格文件属性对话框

在数据过滤器条目下，可以指定是要导出所有数据还是仅导出满足指定质量和/或范围条件的样本，这些质量和/或范围条件可以在"Spreadsheet File Properties"对话框之后的"Sample Selection Criteria"对话框中指定。选中"Use compact format"框会仅导出第一个样本的站点元数据，而所有其他样本的元数据字段保留为空。使用此选项可以显著减少导出文件的大小，特别是对于每个站点具有很多样本的数据，例如 CTD、XBT 和多种时间序列数据。如果不想导出元数据和/或数据变量的质量标志值，请取消选中"Export metadata quality flags"和/或"Export data quality flags"框。

如果选中了"Export history"框，导出站点的历史记录将导出到电子表格文件。历史记录打包到"//<History>comment"行中，并且给定站点的历史记录写在站点数据之后。

可以通过选择"Export>Station Data>ODV Collection"将当前选定站点的数据导出到新的 ODV 数据集中。然后选择要包含在新数据集中的变量(默认为所有变量)，并使用标准文件选择对话框指定目标目录和文件名。

5.2　SDN 汇总 ODV 数据集

通过"Import>SeaDataNet Formats"生成的数据集可以通过"Export>Station Data>SDN Aggregated ODV Collection"自动汇总变量并将结果写入新数据集来进一步处理。在执行汇总之前，ODV 首先从 http：//vocab. nerc. ac. uk/collection/P35/current/下载最新版本的 P35 汇总表。P35 通过指定有用变量列表以及汇总变量的优先级来定义多个汇总变量。ODV 还从 ODV 网站下载最新版本的单位转换列表。如果未连接到因特网，则 ODV 使用系统上可用的这些文件的最新版本。汇总期间自动应用所需的单位转换。P35 汇总变量使用 SEADATANET 质量标志方案。

输出数据集中变量的顺序如下所示：
- 源数据集的主变量；
- 在源数据集中找到的对 P35 汇总变量有用的变量；
- 对 P35 汇总变量没有用的源数据集中的变量。

P35 汇总变量的值和质量标志按如下方式获得：
- 如果只有一个包含数据的有用变量：请使用未更改的值和质量标志；
- 如果多个包含数据的有用变量：使用所有贡献值的中位数，将所有质量标志映射到 ODV 方案，获取最大映射值然后再映射回 SEADATANET 方案。

可以通过打开输出数据集并使用"Collection>Browse Info File"选项来查看未知转换的列表(如果有的话)以及已构建的 P35 汇总变量及其有用输入变量的列表。

如果一个有用变量需要未知的转换，则将忽略此输入变量，并且其数据不会用于汇总。如果遇到转换遗漏，请联系 reiner. schlitzer@ awi. de 并要求将新转换纳入 ODV 转换数据库。

5.3 NetCDF 文件

可以通过选择"Export>NetCDF File"将当前所选站点的数据导出到单个 NetCDF 文件中。然后选择目标目录和文件名，选择要包含在导出文件中的变量（默认值：所有基本变量），最后指定导出文件的属性。在"NetCDF File Properties"对话框中，可以指定经度值的范围（0°—360°E 或 –180°—180°E），以及是要导出所有数据（样本）还是仅导出满足当前质量和/或范围过滤器的数据。如果不想导出元数据和/或数据变量的质量标志值，请取消选中"Export metadata quality flags"和/或"Export data quality flags"框。在数据过滤器条目下，可以指定是要导出所有数据还是仅导出满足指定质量和/或范围条件的样本，这些质量和/或范围条件可以在"Spreadsheet File Properties"对话框之后的"Sample Selection Criteria"对话框中指定。

导出的 NetCDF 文件结构如下。

维度：

- N_STATIONS 包含文件中的站点数量。

- N_SAMPLES 包含每个站点的最大样本数。

- 另外，可能有一个或多个 STRINGi 格式的维度，其中 i 是一个整数并表示相关文本变量中的最大字符数。

变量：

- 存储站点位置的经度和纬度。

- date_time 包含精确到小数的站点的公历日期（相对于某个参考日期），小数部分表示小数日。参考日期为包含最早站点年份的 1 月 1 日。

- 名称为 metavari 的变量（i 为整数），存储其他 ODV 元变量的值。所有 metavari 变量，包括经度、纬度和日期时间，仅取决于维度 N_STATIONS。

- 形式为 vari 的变量，存储 ODV 数据变量的数据值。这些变量取决于维度 N_STATIONS 和 N_SAMPLES。

- 如果需要，元数据和/或数据变量的质量标志值将存储在名称为 vari_QC 的变量中。

属性（主要是标准 NetCDF 属性）：

- 至少，质量标志变量以外的所有 NetCDF 数据变量都包含属性 long_name 和 _FillValue。long_name 存储 ODV 中使用的变量的名称。_FillValue 存储使用的缺失值。一些变量还包含属性：units、C_format、FORTRAN_format、valid_min、valid_max 和/或 comment。

- NetCDF 质量标志变量具有属性约定和注释，描述使用的质量标志方案。

有关数据来源和用于生成文件的软件信息在全局属性中提供（见表 16-6）。

在输出目录中会生成一个附加文件"<nc filename>_nc_variables.txt"，其中包含 NetCDF 变

量名称列表以及关联的 ODV 元数据和数据变量名称、单位和注释。

5.4 WHP 交换格式导出

可以通过选择"Export>WHP Exchange File"将当前选定站点的数据导出为 WHP 交换格式文件。ODV 同时支持用于 CTD/水文数据的 WHP 交换格式描述的采水瓶和 CTD 输出文件(James H. Swift & Stephen C. Diggs；September 2001，updated May 2006 & April 2008；http：// cchdo. ucsd. edu/formats/exchange/index. html)。

执行 WHP 采水瓶或 CTD 输出的步骤如下。

(1)如有必要，通过调整地图范围和/或指定站点选择标准来选择要导出的站点。

(2)从 ODV 的主菜单选择"Export>WHP Exchange File>Bottle"或者"Export>WHP Exchange File>CTD"。

(3)如果 ODV 无法自动识别关键变量，则会提示识别这些变量：

a. WHP 采水瓶输出：必须确定水柱压力(db)或水柱深度(m)等关键变量。

b. WHP CTD 输出：当输出为 CTD 时，需要温度(℃)、水柱压力(db)或水柱深度(m)等关键变量。此外，可能会要求识别盐度(psu)和氧气(μmol/kg 或 mL/L)。

(4)指定输出目录和文件名。

(5)指定 WOCE 文件头(文件的第一行)所需的信息以及希望成为输出文件一部分的附加注释。

导出完成后，文件将写入步骤 4 中指定的位置。导出采水瓶数据时，输出文件将是以"_hy1. csv"结尾的单个 CSV 文本文件。当导出 CTD 数据时，生成的文件将是一个带有后缀"_ct1. zip"的 zip 压缩包，其中包含每个导出站点的 CSV 文件。

导出到 WHP 交换文件仅适用于以压力或深度作为主变量的 ODV 数据集(剖面)。在写入 WHP 参数 CTDPRS 之前，数据中的深度值会转换为压力。

ODV 航次名称导出在 WHP 参数 EXPOCODE 下，站点名称在 STNNBR 下，站点日期和时间信息在 DATE 和 TIME 下。缺失的时间和日期在输出文件中以"0"表示，所以如果时间未知，它的值将是"0000"。位置将以纬度范围(-90，90)和经度范围(-180，180)存储。底层深度如果存在于 ODV 数据集中，则被映射到 WHP 参数 DEPTH 中。如果 ODV 数据集包含元变量 SECT_ID，则它的值被导出到 WHP 参数 SECT_ID 中。

当导出到 WOCE WHP 采水瓶文件时，将扫描数据集中的变量 *CASTNO*、*SAMPNO* 和 *BTLN-BR*。如果数据集中缺少 *CASTNO*(投放编号)，则使用"1"作为默认值。如果 *SAMPLNO*(样本号)缺失，则 ODV 分配以 1 开始的顺序样本号。如果数据集中缺少 *BTLNBR*(瓶号)，则输出文件中不会出现该列。所有其他变量都用数据集中的名称导出。输出文件中不包含要导出的站点集的任何数据值。注意，ODV 派生变量没有导出。

如果数据集已经使用了 WOCE 质量标志，质量标志将保留。否则，在导出之前，数据集的质量标志被映射到 WOCE 模式（参见 ODV4_QualityFlagSets. pdf 了解映射详情）。WHP CTD 的导出输出质量标志是 WOCECTD 或 GTSPP（和 IGOSS 一样）。WHP 采水瓶导出输出质量标志是 WOCEBOTTLE 或 GTSPP，但 *CTDSAL* 或 *CTDOXY* 除外，它们使用 WOCECTD 或 GTSPP，*BTLN-BR* 变量使用 WOCESAMPLE 或 GTSPP。

5.5　数据和网格场值的剪贴板副本

使用窗口弹出菜单的"Extras>Clipboard Copy"选项将数据窗口的 *X*、*Y*、*Z* 数据、自动生成网格时数据位置点的网络偏差值和网格值（只有在打开网格的情况下才有后两个数据）复制到剪贴板。作为一个快捷方式，可以在鼠标悬停在特定窗口时按下"Ctrl+C"，ODV 将默认导出原始 *X* 和 *Y* 值，但用户也可以请求投影值，即由当前窗口投影方式所产生的值。一旦 ODV 将数据复制到剪贴板，可以将剪贴板内容粘贴到最喜爱的软件中以供进一步处理。剪贴板上地图窗口的副本可以生成包含站点位置和其他元数据的列表。

5.6　输出等值面数据

可以通过选择"Export>Isosurface Variables"导出当前地图上显示的所有站点的等值面数据，并选择一个目标目录和输出文件名。输出文件包括站点的元数据，并且符合 ODV 通用电子表格格式。

5.7　导出 X、Y、Z 窗口数据

可以通过从 ODV 菜单栏中选择"Export>X, Y, Z Window Data"，将 ODV 绘图窗口中显示的数据值导出到单独的 ASCⅡ文件。在 ID 字符串字段中输入标识此导出数据的描述性文本，然后单击"OK"按钮。ODV 将在用户的 ODV 目录（<documents>＼ODV＼export＼<ID String>）中创建一个子目录。所有导出的文件将被写入此目录。如果子目录已经存在，ODV 会要求删除目录中的所有文件。注意，导出文件的名称以"win？，where？"开头，代表相应的窗口号码。实际的 *X*、*Y*、*Z* 数据可以在 win？. oai 文件中找到（每行一个数据点，第四列通常为 1）。

对于具有网格场的窗口，ODV 还会导出网格操作的结果（win？. oao 文件）。. oao 文件的格式如下所示：

```
0                              (ignore)
nx  ny                         (no of x and y grid-points)
```

… nx X-grid values …	(X-grid positions)
… ny Y-grid values …	(Y-grid positions)
… nx * ny gridded values …	(estimated field, line by line starting at first Y-grid value)
… nx * ny gridded values …	(estimation quality, line by line starting at first Y-grid value)

5.8 导出参考数据集

可以从 ODV 的菜单栏选择"Export>X，Y，Z Window Data as Reference"将当前绘图窗口的原始数据保存在单独的 ASC Ⅱ 文件中，并稍后将这些数据用作参考数据集。在 ID 字符串字段中输入标识此导出数据的描述性文本，然后单击"OK"按钮。ODV 将在用户的 ODV 目录子目录（<documents>\ODV\reference\<ID String>）中创建一个子目录，并将所有文件写入此目录。如果子目录已经存在，ODV 会要求删除目录中的所有文件。ODV 使用参考数据来定义差异变量。

6 派生变量

除了存储在数据集文件中的基本变量之外，ODV 还可以计算大量的派生变量，这些变量（一旦定义）可用于分析，并以与基本变量相同的方式在数据绘图中使用。有三种类型的派生变量。

- 内置的派生变量，包括来自物理海洋学和化学海洋学的许多常用参数。
- 存储在文件中的用户定义表达式的宏文件，可用于任意 ODV 数据集。
- 用户仅为当前数据集即时定义的表达式。

要定义或删除派生变量，可从"Current Sample Window"弹出菜单中选择"Derived Variables"选项，或从菜单栏中选择"View > Derived Variables"。要添加一个宏，从"Choices"列表中选择"Expressions，Derivatives，Integrals > Macro File"；要添加用户定义的表达式，可选择"Expressions，Derivatives，Integrals > Expression"。要添加内置的派生变量，可选择"Choices"列表中的任何其他条目。

也可以通过单击"Load from View File"按钮从视图文件来加载派生变量。注意，该视图文件必须属于当前打开的数据集。

6.1 内置派生变量

ODV 软件内置许多物理海洋学参数的算法，如位温、位密（相对于任意参考压力）、中性密度、布伦特-维萨拉频率（浮力频率）和动力高度。此外，海水中二氧化碳体系的各种参数、许多气体的饱和浓度和分压以及化学海洋学的许多其他变量也可作为易于选择的派生变量。一些有用的数学表达式（如两个任意变量的比率以及垂直积分和导数）也可用。

物理属性（TEOS-10）派生变量组（4.4.2 版新增）超出了以前基于 EOS-80 的变量，并添加了 20 多个新变量。为了向后兼容并进行对比研究，仍然保留了物理属性（EOS-80）派生变量组。通常应使用来自物理属性（TEOS-10）组的派生变量。

表 6-1 为可用的内置派生变量的完整列表。所有这些变量都可以由用户申请。当站点数据加载到数据集中时，ODV 将计算所有申请的派生变量的值。申请的派生变量可以用与数据集文件中存储的基本变量相同的方式进行可视化。

要定义或删除内置的派生变量，请从"Current Sample Window"弹出菜单中选择"Derived Variables"选项。ODV 将显示可用和已定义派生变量的列表。可用派生变量按专题组进行组织，并显示在"Choices"列表中。最近使用的专题组在启动时就展开。其他组可以通过单击它们的名字展开。

要添加特定派生变量，请在"Choices"列表中选择此条目(可能需要先展开变量所属的组)，然后单击"Add"按钮。如果派生变量需要附加信息，例如位温或位密的参考压力，ODV 将自动提示此信息。许多派生变量还需要识别计算派生变量所需的输入变量。注意，关键变量的识别只需进行一次，并且 ODV 会记住这些关联。如有必要，使用"Collection>Identify Key Variables"选项来验证和修改关键变量关联。如果关键变量关联不正确，则派生变量的计算值可能是错误的。

若删除派生变量，可在"Already Defined"列表框中选择此变量，然后单击"Delete"按钮或双击要删除的项目。注意，删除其他派生变量所需的变量时，这些子变量(派生变量)也会被删除。要编辑派生变量的参数或 ODV 宏和表达式(有关这些特殊派生变量的更多信息，请参阅下文)，请在"Already Defined"列表框中选择相应的变量，然后单击"Edit"键。

表 6-1　内置派生变量

变量	说明
碳	
碱度(μmol/kg)	详见"海水中二氧化碳体系的参数"
二氧化碳浓度(μmol/kg)	详见"海水中二氧化碳体系的参数"
碳酸根离子浓度(μmol/kg)	详见"海水中二氧化碳体系的参数"
溶解无机碳浓度(μmol/kg)	详见"海水中二氧化碳体系的参数"
二氧化碳逸度(μAtm)	详见"海水中二氧化碳体系的参数"
碳酸氢根离子浓度(μmol/kg)	详见"海水中二氧化碳体系的参数"
文石溶解度	详见"海水中二氧化碳体系的参数"
方解石溶解度	详见"海水中二氧化碳体系的参数"
二氧化碳分压	详见"海水中二氧化碳体系的参数"
pH	详见"海水中二氧化碳体系的参数"
相关系数	$(\mathrm{d}f_{CO_2}/\mathrm{d}T_{CO_2})/(f_{CO_2}/T_{CO_2})$ 详见"海水中二氧化碳的参数"
表达式，导数，积分	
导数	任何变量(详见"求导")
二阶导数	任何变量
表达式	由用户定义
积分	任何变量(详见"积分")
宏文件	用户由宏文件定义表达式
比例	任何两个变量
气体	
AOU/(μmol/kg)	表观氧利用率

续表

变量	说明
氟里昂-11 饱和度(%)	Warner & Weiss, Deep Sea Res., 32, 1485-1497, 1985
氟里昂-12 饱和度(%)	Warner & Weiss, Deep Sea Res., 32, 1485-1497, 1985
氟里昂-10 饱和度(%)	Bullister & Wisegarver, Deep Sea Res., 45, 1285-1302, 1998
氟里昂-113 饱和度(%)	Bu & Warner, Deep Sea Res., 42, 1151-1161, 1995
甲烷饱和度(%)	Wiesenburg & Guinasso, J. Chem. Eng. Data, 24, 356-, 1979
氧饱和度(%)	Weiss, Deep Sea Res., 17, 721-735, 1970
氟里昂-11 分压($\times 10^{-12}$)	Warner & Weiss, Deep Sea Res., 32, 1485-1497, 1985
氟里昂-12 分压($\times 10^{-12}$)	Warner & Weiss, Deep Sea Res., 32, 1485-1497, 1985
氟里昂-10 分压($\times 10^{-12}$)	Bullister & Wisegarver, Deep Sea Res., 45, 1285-1302, 1998
氟里昂-113 分压($\times 10^{-12}$)	Bu & Warner, Deep Sea Res., 42, 1151-1161, 1995
甲烷分压($\times 10^{-12}$)	Wiesenburg & Guinasso, J. Chem. Eng. Data, 24, 356-, 1979
六氟化硫分压($\times 10^{-12}$)	Bullister, Wisegarver & Menzia, DSR-I, 49 (1), 175-187, 2002
六氟化硫饱和度(%)	Bullister, Wisegarver & Menzia, DSR-I, 49 (1), 175-187, 2002
元数据	
航次号	每个航次的唯一编号
数据误差值	任意变量的 1-S 数据误差
纬度	由站点纬度派生的十进制纬度
经度	由站点经度派生的十进制经度(调整到当前地图范围)
元变量值	元变量的数值
质量标志值	变量的 ASCⅡ码质量标志
站点号	站点标签派生的编号
物理属性（EOS80）	
压力深度（EOS80）(m)	Saunders and Fofonoff, Deep-Sea Res., 23, 109-111, 1976
结冰温度（EOS80）(℃)	F. Millero, UNESCO Tech. Papers in the Marine Science, No. 28., 29-35, 1978
现场温度（EOS80）(℃)	EOS80
现场密度异常（EOS80）(kg/m^3)	EOS80
位密异常（EOS80）(kg/m^3)	EOS80(任意参考压力)
位温（EOS80）(℃)	Bryden, Deep Sea Res., 20, 401-408, 1973 (任意参考压力)
深度转换压力（EOS80）(dbar)	Saunders, J. Phys. Ocean., 1981
声速(EOS80)(m/s)	Fofonoff & Millard, Unesco Tech. Pap. in Mar. Sci._, No. 44, 53 pp, 1983
比热容 C_p(EOS80) [$J/(kg/℃)$]	F. Millero et al., J. Geoph. Res., 78, 4499-4507, 1973
比体积 S_p(EOS80)(mm^3/g)	EOS80(任意参考盐度和温度)
物理属性（TEOS-10）	
绝对盐度 S_A(g/kg)	TEOS-10[①]
结冰点绝对盐度(g/kg)	TEOS-10[①]
绝热衰减率 Γ(mdeg/dbar)	TEOS-10[①]

变量	说明
布伦特-维萨拉频率（cycl/h）	详见"布伦特-维萨拉频率"
增密系数（10^{-6} K^{-2}）	TEOS-10[1]
保守温度（℃）	TEOS-10[1]
压力转换深度(m)	TEOS-10[1]
动力焓（kJ/kg）	TEOS-10[1]
动力高度（dyn m）	TEOS-10[1,3]（任意参考压力）
结冰温度 θ^f（℃）	TEOS-10[1]
现场密度异常 σ（kg/m^3）	TEOS-10[1]（采用现场压力、温度和盐度）
保守温度转化的现场温度（℃）	TEOS-10[1]（采用现场压力和保守温度）
等熵压缩因子 κ（10^{-10} Pa^{-1}）	TEOS-10[1]
蒸发潜热（kJ/kg）	TEOS-10[1]
融解潜热（kJ/kg）	TEOS-10[1]
中性密度 γ^n（kg/m^3）	Jackett & McDougall, J. Phys. Ocean., 237-263, 1997（more）
位密异常 σ（kg/m^3）	TEOS-10[1]（任意参考压力）
位温 θ（℃）	TEOS-10[1]（任意参考压力）
位涡 Q（10^{-12} m^{-1} s^{-1}）	位涡（由布伦特-维萨拉频率派生）$Q = f/g \cdot N_2$
绝对盐度转化的实用盐度	TEOS-10[1]
电导率转换的实用盐度	TEOS-10[1]
实际盐度 S^*（g/kg）	TEOS-10[1]
深度转换压力（dbar）	TEOS-10[1]
参考盐度 S_R（g/kg）	TEOS-10[1]
盐水压缩系数 β^θ（10^{-3} kg/g）	TEOS-10[1]
声速（m/s）	TEOS-10[1]
比焓 h（kJ/kg）	TEOS-10[1]
比熵 η［J/（kg·K）］	TEOS-10[1]
比热容 C_p［J/（kg degC）］	TEOS-10[1]
比内能 u（kJ/kg）	TEOS-10[1]
比体积异常（mm^3/g）	TEOS-10[1,2]
涩度 π	Flament, Progr. in Oceanogr., 54（1-4），493-501，2002
稳定率 $R_\rho r$	TEOS-10[1]
热膨胀系数 α^θ（10^{-6} K^{-1}）	TEOS-10[1]
温压系数 T_b^θ（10^{-12} K^{-1} Pa^{-1}）	TEOS-10[1]
偏转角 T_u	TEOS-10[1]

特殊变量

汇总变量	详见"汇总变量"
转换变量	详见"转换变量"

续表

变量	说明
与参考值差异	详见 6.4"差异变量"
插值变量	用插值替换缺失数据
色块	详见 6.5"色块"
时间	
一月中的第几天（站点日期）	由站点日期派生的以小数表示的一月中的第几天[④]
一月中的第几天（时间变量）	由时间变量派生的以小数表示的一月中的第几天[④]
一周中的第几天（站点日期）	由站点日期派生的以小数表示的一周中的第几天[④]
一周中的第几天（时间变量）	由时间变量派生的以小数表示的一周中的第几天[④]
一年中的第几天（站点日期）（天数）	由站点日期派生的以小数表示的一年中的第几天（天数）[④]
一年中的第几天（时间变量）（天数）	由时间变量派生的以小数表示的一年中的第几天（天数）[④]
一天中的第几小时（站点日期）（小时数）	由站点日期派生的以小数表示的一天中的第几小时（小时数）
一天中的第几小时（时间变量）（小时数）	由时间变量派生的以小数表示的一天中的第几小时（小时数）
一年中的第几月（站点日期）	由站点日期派生的以小数表示的一年中的第几月[⑤]
一年中的第几月（时间变量）	由时间变量派生的以小数表示的一年中的第几月[⑤]
时间（站点日期/时间）	由站点日期和时间派生的以小数表示的时间
时间（时间变量）	由时间变量派生的以小数表示的时间
年（站点日期）	由站点日期派生的整数年
年（时间变量）	由时间变量派生的整数年

①IOC，SCOR 和 IAPSO，2010：2010 年国际海水热力学方程：热力学性质的计算与应用。联合国教科文组织政府间海洋学委员会，手册和指南第 56 号(英文版)，196 页。

②在 TEOS-10 中，体积异常的计算采用绝对盐度 S_A = 35.165 04 g/kg 和保守温度 θ = 0℃ 作为参考。这与传统定义中使用实际盐度 S_P = 35 psu 和现场温度 t = 0℃ 的参考不同。深海计算数值的相对误差可达 25%。

③使用 TEOS-10 特定体积异常见②。

④小数日。

⑤小数月。

布伦特–维萨拉频率(浮力频率)

浮力频率计算如下：对于给定的剖面，ODV 首先建立一个标准深度序列，并将观测到的压力、温度和盐度投射到这些标准深度。然后计算每个标准深度间隔的布伦特–维萨拉频率(使用 2010 新 TEOS-10 状态方程计算的垂直密度梯度)，并将其赋值到中间点。最后，将中点布伦特–维萨拉值投射回剖面的原始压力(或深度)值。值的投射使用线性最小二乘插值完成。注意，ODV 计算 N，而不是 N^2。在不稳定分层情况下(根号下存在负值)，取绝对值的平方根，并赋予负号。因此，ODV 中 N 的负值表示不稳定的条件。在开始计算之前，ODV 会验证该站点是否包含足够的输入数据(通过检查良好覆盖率标准)。数据间隔较大的站点会被跳过。

海水中二氧化碳体系参数

以下海水中二氧化碳相关参数作为派生变量。

(1)碱度；

（2）溶解无机碳 DIC；

（3）二氧化碳的逸度和分压（f_{CO_2}和p_{CO_2}）；

（4）二氧化碳、碳酸根离子和碳酸氢根离子的浓度；

（5）pH（总量，氢离子浓度标度或自由标度）；

（6）相关或同质缓冲因子；

（7）方解石和文石的溶解度比（CO_3^{2-}）·（Ca^{2+}）/K_{sp}，以 OmegaC 和 OmegaA 表示。

所有这些数值都可以使用以下碳输入数据对进行计算。

（1）ALK，DIC；

（2）ALK，pH；

（3）ALK，f_{CO_2}；

（4）ALK，p_{CO_2}；

（5）DIC，pH$^-$；

（6）DIC，f_{CO_2}；

（7）DIC，p_{CO_2}；

（8）f_{CO_2}，pH；

（9）p_{CO_2}，pH。

通过选择"Derived Variables"对话框"Choices"列表中的相应条目并单击"Add"按钮来定义这些碳参数。出现图 6-1 的碳参数设置对话框，它允许用户为所申请的变量定义各种设置。

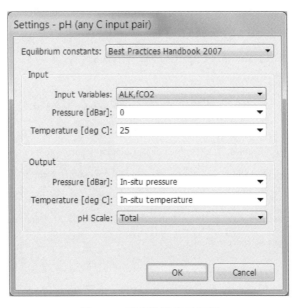

图 6-1　碳参数设置对话框

"Equilibrium constants"组合框允许从文献中选择不同的平衡常数用于计算，"Input"框允许指定数据输入并测量输入数据的条件，"Output"框允许指定计算所需变量的输出条件。根据所需变量的类型以及选择的输入变量，某些条目将不被关联并且被隐藏。

如果 pH、f_{CO_2} 或 p_{CO_2} 属于选定的输入变量，则必须指定测量这些变量时的压力和温度。如果 pH 值是输入变量之一，则还必须指定报告 pH 值的标度。输入压力可能是：①现场压力；②选择压力变量；③输入的压力值。如果输入值为现场压力则选择①；如果其中一个数据变量包含输入压力值(相应的变量将在后面标识)则选择②；在固定的压力下进行测量，例如实验室条件，则选择③。请选择"Enter your pressure value here text"(此处输入压力值文本)输入数值，并用数值替换。

输入温度有四种可能的选择：①现场温度；②位温；③选择温度变量；④输入的温度值。选择方法和程序与上面的压力一样。

如果所需的派生变量是 pH、f_{CO_2} 或 p_{CO_2} 中的一个，则必须指定计算这些变量所需的输出压力和温度条件。如果所需的派生变量是 pH 值，则还必须指定输出 pH 标度。

除了 K_F 参数之外，其他推荐的平衡常数(Best Practices Handbook，2007)取自 Dickson 等(2007)。其中，K_1 和 K_2 取自 Luecker 等(2007)，K_0 取自 Weiss(1974)，K_B 取自 Dickson(1990)，K_S 取自 Dickson(1990)，K_F 取自 Dickson 和 Riley(1979)，K_W 取自 Millero(1995)，K_{1p}、K_{2p}、K_{3p} 和 K_{Si} 取自 Millero(1995)，方解石和文石的可溶性产物 K_{sp} 取自 Mucci(1983)。依赖压力的平衡常数取自 Millero(1995)。需要考虑 Lewis 和 Wallace(1998)中总结的各种出版物中的印刷错误。

如果磷酸盐和/或硅酸盐数据不可用，则假定浓度值为零。ODV 使用 Dickson(1981)的碱度定义，并处理除 HS、S 和 NH_3 以外的所有变量。使用牛顿迭代法计算 pH。

Lavigne 等(2008)的 2.1.2 版本 SeaCarb 软件和 1.01 版本 CO2SYS(Lewis et al.，1998；由迈阿密大学 Denis Pierrot 移植到 Matlab)已经运行在相同的样本数据上，并且与 ODV 提供的碳系统的所有参数结果有很好的一致性。

Dickson A. G., Sabine C. L. & Christian J. R., 2007. Guide to best practices for ocean CO_2 measurements. PICES Special Publication 3：1-191.

Lavigne, H., A. Proye, J. -P. Gattuso., 2008. SeaCarb：Calculates parameters of the seawater carbonate sys- tem. R package version 2. 1. http：//www. obs-vlfr. fr/~gattuso/seacarb. php［Version：June/10/2009］.

Lewis, E., and D. W. R. Wallace. 1998. Program Developed for CO_2 System Calculations. ORNL/CDIAC-105. Carbon Dioxide Information Analysis Center, Oak Ridge National Laboratory, U. S. Department of Energy, Oak Ridge, Tennessee. http：//cdiac. ornl. gov/oceans/co2rprt. html.

求导

将主要变量的导数作为变量(以下指定为 A，可以指任何基本或已定义的派生变量)。计算分三步进行：①A 的观测值被内插到一组主变量的密集间隔标准值上；②以标准中间值计算导数；③将导数值内插回原始样本的主变量值。注意，在开始计算之前，ODV 会验证该站点是否包含足够的输入数据(通过检查良好覆盖率标准)。数据间隔较大的站点会被跳过。

积分

选择要计算主变量积分的变量(以下指定为 A,可以使用任何基本或已定义的派生变量)并指定积分的初始主变量值 z_0(默认值:0)。对于给定站点的每个样本,ODV 将计算从 z_0 到相应主变量值的积分 $A \cdot dz$。

积分的单位是数量 A 的单位乘以主变量的单位。如果主变量是深度并且变量 A 具有体积浓度单位(例如,每立方米的摩尔数),则计算的积分相当于每平方米的现存量。注意,根据定义,z_0 处的积分值为零。另外,在开始计算之前,ODV 会验证该站点是否包含足够的输入数据(通过检查良好覆盖率标准)。数据差距较大的站点会被跳过。

示例(假设深度为主变量):要获取 500 m 以上水体含盐量,请选择盐度作为积分的变量,并将 0 用作开始值。然后查看 500 m 处的垂直积分值(通过在相邻点之间进行插值)或在表面模式中将深度等于 500 m 处的积分定义为等值面变量。

汇总变量

汇总的派生变量将一个或多个输入变量的数据值综合到一个变量中。当一个给定的参数,如氧,已经被不同的实验室测量,并以单独的原始氧变量(可能使用不同的单位)报告时,这是有用的。汇总的派生变量允许将各种原始变量(可能涉及单位转换)合并为一个变量进行科学分析。使用给定样本的输入变量值逐个计算各个样本的汇总变量值。

要定义汇总派生变量,请在"Special"组中选择"Aggregated Variable",然后单击"Add"按钮。然后在出现的对话框选择所有对汇总变量有贡献的输入变量,并输入新变量的名称和单位。

然后出现"Aggregated Variable"对话框(图 6-2),该对话框允许微调汇总变量的属性。重要的是,用户必须为每个贡献输入变量指定适当的单位转换,以将输入变量值转化为汇总变量的

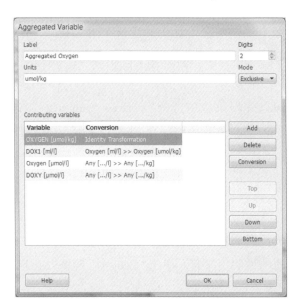

图 6-2　汇总变量对话框

单位。最初所有的转换都设置为"Identity Transformation"，这意味着输入值不加改变地使用。可以通过在"Contributing variables"列表中选择并单击"Conversion"按钮来为输入变量定义转换。然后从"Conversion"组合框中选择一个转换。如果所需的转换不包含在列表中，应选择"General Linear Transformation"并指定因子和偏移量。

有三种不同的汇总模式定义了如何从多个输入值获得汇总值的方式：①独占；②平均值；③中值(中位数)。独占模式使用按指定顺序排列的输入变量中的第一个可用数据值，而平均模式或中值模式计算给定样本的所有可用输入值的平均值或中值。

使用"Add"和"Delete"按钮添加或删除输入变量。单击"Conversion"按钮修改所选输入变量的转换。默认转换为"Identity Transformation"，使输入值保持不变。如有必要，使用"Top""Up""Down"及"Bottom"按钮更改输入变量的顺序。注意，对于独占聚合(默认值)，输入变量的顺序很重要，因为使用了给定输入变量顺序中的第一个可用值。单击"OK"按钮完成汇总变量定义。

转换变量

转换后的派生变量以不同单位提供给定变量的数据。要定义转换的派生变量，请在"Special"组中选择"Converted Variable"，然后单击"Add"按钮，选择要转换的输入变量，输入新变量的名称和单位并指定要使用的单位转换。如果所需的转换未包含在列表中，请选择"General Linear Transformation"并指定因子和偏移量。

6.2 宏

如果特定样本的新派生变量值仅取决于同一样本的其他变量值，则用户可以建立未包含在内置派生变量列表中的新派生变量。对于新宏的定义，可以使用ODV宏编辑器(见下文)，并指定宏所依赖的输入变量以及用于计算数值的代数表达式，然后将这些信息保存在一个宏文件中。

可以通过从当前样本窗口弹出菜单中选择"Derived Variables"，并从"Choices"列表中选择"Expressions，Derivatives，Integrals>Macro File"，选择一个保存的宏来激活宏派生变量。然后确定计算宏所需的输入变量。如果其中一个所需变量不可用，请单击"Not Available"按钮中止宏设置。

宏编辑器

使用"Tools>Macro Editor"选项编辑或创建海洋数据视图宏文件。选择一个现有的宏文件或一个新的宏名称并按照下面的说明定义宏。单击"Save As"按钮并指定一个宏名称将该宏保存在文件中(见图6-3)。

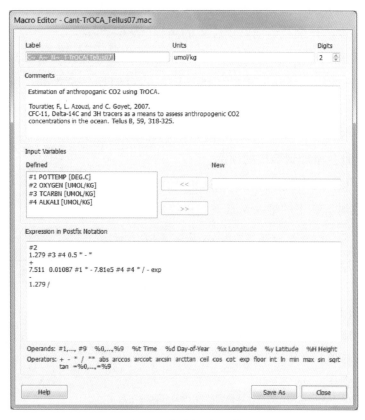

图6-3 宏编辑器对话框

宏变量

标签：输入宏变量的标签。对希腊符号、指数或索引使用"Formatting Control Sequences"。

单位：输入宏变量的单位。对希腊符号、指数或索引使用"Formatting Control Sequences"。

数字：输入当前样本窗口中显示值的有效位数。

注释

输入一个或多个描述宏变量的注释行。

输入变量

指定宏变量所需的输入变量。要添加输入变量，请将其标签和单位输入到新字段中，然后单击"<<"按钮。对希腊符号、指数或索引使用格式化控制序列。要删除定义的输入变量，请在"Defined"列表框中选择条目，然后单击">>"按钮。输入变量的数量是无限的。

表达式

在后缀表示表达式字段中，可以指定宏计算时要执行的代数运算。该表达式必须使用后缀表示法(也称为逆波兰表示法)，运算数在运算符之前。"Tools>Infix-to-Postfix Converter"选项(仅在 Windows 上可用)可用于将中缀数学表达式转换为后缀表示法，以便在后缀表示表达式字段中使用。

表达式由在一行或多行上指定的一系列运算数和运算符组成。所有条目(运算数和运算符)

必须用一个或多个空格分隔。运算数可以使用常量、输入变量的值、存储值以及当前站点的元数据，例如经度、纬度、日期或当前站点位置的高程(表6-2)。

运算符可以使用表6-3中列出的任何一种代数运算符和逻辑运算符。运算符的差异取决于所需输入值的数量(一元、二元和三元)，但除"=%n"存储操作符之外，所有运算符都只产生一个结果值。

宏公式的评估是使用一个简单的基于栈的方案实现的：

(1)运算数出现时会添加到堆栈的顶部；

(2)运算符从栈顶取操作数并将运算结果推回到栈顶。

在计算成功结束时，剩下的唯一元素就是最终的结果。

表6-2　ODV 表达式中的运算数

运算数	含义
17.3	数值内容
#n	输入变量值 n（$n=1$，…；example：#1）
%n	储存变量值 n（$n=0$，…；example：%3）
%x	当前站点经度
%y	当前站点纬度
%t	由当前站点日期和时间元数据计算得到的自1900年起的小数年
%d	由当前站点日期和时间元数据计算得到的一年中的第几天
%H	当前站点海拔(单位为m，自海平面算起；陆地为正，海洋为负)

表6-3　ODV 表达式中的运算符

运算符	结果	说明
Unary：x operator(一元：关于 x 的运算)		
= %n	−	将 x 存储为值 n（$n=0$，…）。使用%n来检索值。
abs	abs(x)	绝对值
arccos	arccos(x)	反余弦(以弧度表示)
arccot	arccot(x)	反余切(以弧度表示)
arcsin	arcsin(x)	反正弦(以弧度表示)
arctan	arctan(x)	反正切(以弧度表示)
ceil	ceil(x)	对 x 向上取整[ceil(−1.3)=−1；ceil(3.5)=4]
cos	cos(x)	余弦(x 以弧度表示)
cot	cot(x)	余切(x 以弧度表示)
exp	exp(x)	指数
floor	floor(x)	对 x 向下取整[floor(−1.3)=−2；floor(3.5)=3]
int	int(x)	对 x 取整[int(−1.3)=−1；int(3.5)=3]
ln	ln(x)	自然对数
sin	sin(x)	正弦(x 以弧度表示)

续表

运算符	结果	说明
sqrt	sqrt(x)	平方根
!	! x	对 x 取非(逻辑运算)[! (0)= 1 ; ! (1)= 0]
Binary: x y operator(二元：关于 x, y 的运算)		
+	x+y	和
−	x−y	差
*	x * y	乘积
/	x/y	比值
* *	xy	乘幂
min	min(x, y)	取最小值
max	max(x, y)	取最大值
= =	1 if x=y 0 if x! =y	相等检验
! =	1 if x! =y 0 if x=y	不等检验
>=	1 if x>=y 0 if x<y	大于或等于检验
>	1 if x>y 0 if x<=y	大于检验
<=	1 if x<=y 0 if x>y	小于或等于检验
<	1 if x<y 0 if x>=y	小于检验
&	1 if x and y non-zero 0 if x or y zero	逻辑"与"
|	1 if x or y non-zero 0 if x and y zero	逻辑"或"
Ternary: b x y operator(三元：关于 b, x, y 的运算)		
IFTE	x if b is non-zero y else	"If-then-else"逻辑

在基本算术运算中使用运算符+、−、*、/、* *，sqrt 代表平方根，min 和 max 代表两个操作数的最小值和最大值，ln 和 exp 代表自然对数和指数，sin、cos、tan 和 cot 用于正弦、余弦、正切、余切(参数为弧度)，arcsin、arccos、arctan 和 arccot 用于反正弦、反余弦，反正切和反余切(以弧度为单位)，abs 为绝对值，int、floor、ceil 分别为参数的整数部分、向下取整、向上取整。此外，还有一些逻辑运算符和"if-then-else"构造的 IFTE 运算符。

使用#1、#2 等形式的术语来引用相应输入变量的值。使用术语%H 作为站点位置高程(以米为单位，海平面以上；正值表示陆地，负值表示海洋)，%t 作为观测时间(按站点日期和时间元数据计算的自 1900 年以来年数，例如，%t = 84.4877 表示 1984 年 6 月 27 日)，%d 作为一年中的某天(也从站点日期元数据计算),%x 和%y 分别作为经度(向东)和纬度(向北)。

可以使用运算符=%0、=%1 等将计算的中间结果存储在内部变量%0、%1 等中。通过输入%0、%1 等,可以在稍后的计算中使用存储值。注意=%n 运算符消耗它们的操作数,例如从堆栈中取出相应的值。

运算数和运算符必须由一个或多个空格分隔。如有必要,可以在后续行中继续宏表达式的定义。

表 6-4　表达式示例

后缀表达式	含义
135 #1 * #2+	PO = 135 * PO_4+O_2(with: PO_4 as #1 and O_2 as #2)
%t 80 - 17.6/exp #1 *	$c \cdot e^{(-1980)/17.6}$(tritium decay correction to 1980; c as #1)
#1 ln	ln(#1)（自然对数）
#1 ln 0.43429 *	log(#1)（10 为底的对数）
0 #1 max	max(0, #1)（最大值）
#1 180<#1 365+#1 IFTE	if #1<180: (#1+365); else #1 (if-then-else 表达式)

6.3　表达式

表达式派生变量与宏类似。可以使用 ODV 宏编辑器定义和编辑它们,它们使用相同的语法和运算符集。要设置表达式,请从当前样本窗口弹出菜单中选择"Derived Variables",从"Choices"列表中选择"Expression"并单击"Add"按钮。ODV 将显示类似于宏编辑器对话框的对话框。应该在标签和单位字段中输入新变量的标签和相应的单位。然后,选择新变量所需的输入变量,例如,在"Choices"列表中选择一个变量并按"<<"。最后,为新变量指定要计算的表达式。有关支持的运算符和一般语法指南的说明,请参阅 "Expression under Macro Editor"部分。单击"OK"按钮完成新表达式的设置。

可以使用当前样本窗口弹出菜单中的"Derived Variables"选项编辑 ODV 宏和表达式。然后在"Already Defined"列表框中选择相应的变量,然后单击"Edit"按钮。可以通过在"Edit Expression"对话框(见图 6-4)单击"Save As"将表达式保存在 ODV 宏文件中。

6.4　差异变量

可以比较当前选定站点的属性分布与以前保存的参考数据,并通过将属性差异定义为派生变量来生成差异场。选择"View>Derived Variables"或单击"Alt+D",并选择"Difference from Reference"。然后选择要在参考数据目录树的其中一个子目录中使用的参考数据集的 ExportID.txt 文件。ODV 将显示来自该目录的可用参考数据文件的列表。选择一个 .oal 文件,含有想要生成差异字段的变量作为 Z 变量和相应的 X 和 Y 变量(例如,为了生成经度与深度断面,确保参考数据文件将经度作为 X 变量、深度作为 Y 变量)。然后确定当前数据集中的 Z、X 和 Y 变量(如果需要经度或纬度,请在调用"Difference from Reference"选项之前将它们定义为派生变量)来完成差异变量的定义。注意,新变量的名称由 Z 变量的名称和参考数据集的标识字符串组成。一旦定义,可以在任何数据绘图中使用差异变量。

图6-4 编辑表达式对话框

6.5 色块

可以通过在屏幕上当前显示的任何数据图的 X/Y 空间中指定多边形来定义水团色块。为此,将鼠标移动到要用于定义的数据图上[例如 θ/S 图(温盐图)],然后单击鼠标右键,从弹出菜单中选择"Extras>Define Patch"(注意,光标变为十字线),并通过在节点位置单击鼠标左键来定义多边形的节点。可以通过将鼠标移到相应的位置并单击右键来删除点。通过单击"Enter"键或双击鼠标左键终止多边形的定义。注意,ODV 会自动关闭多边形。然后,ODV 会提示输入色块名称(无扩展名),并将色块定义写入数据集目录中的文件。

一旦为一个数据集定义了一个或多个水团色块,可以使用它们来组合和激活派生变量色块。选择"View>Derived Variables",然后从"Choices"列表中选择"Patches"。可以通过选择一个或多个可用的水团色块(如上述定义的)来组成色块变量。完成后单击"OK"按钮。为了评估给定样本的色块变量，ODV 确定样本是否在变量中选定的色块多边形之内，（如果是）将相应色块的编号赋给色块值。如果样本位于所有选定的色块之外，则其值将设置为缺省值。

像所有其他变量（基本或派生）一样，可以在任何数据窗口的任何轴上使用色块变量。例如，将它作为沿着断面的 Z 变量或等值面变量，以显示特定水团的空间范围(图 6-5)。

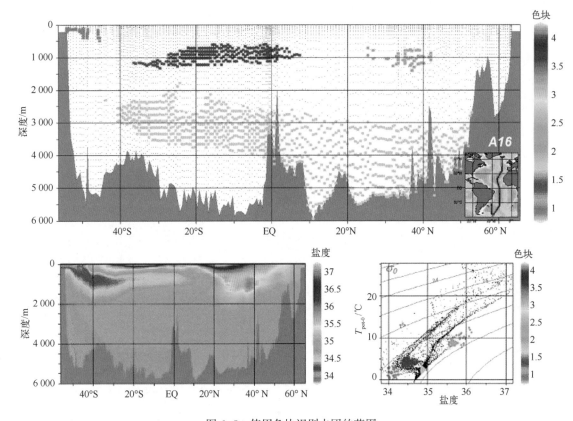

图 6-5　使用色块识别水团的范围

7 等值面变量

在海洋学中，通常需要科学地计算和显示特定空间、时间或深度层上的变量分布情况。例如，恒定深度或压力层、恒定密度的等值面(等密度线)，或者时间序列数据的恒定时间切片。ODV 提供用于定义这种分布的"等值面变量"。根据定义，等值面变量在每个站点只有一个值。等值面变量的值可以绘制在数据窗口的"SURFACE"视区中。

使用"View>Isosurface Variables"或右键单击等值面数据窗口并选择等值面变量，在 ODV 中定义等值面变量。ODV 将显示"Isosurface Variables"对话框(图 7-1)，允许定义新的等值面变量并修改或删除现有的变量。要删除一个或多个现有等值面变量，请在"Already Defined"列表中选择相应条目，然后单击"Delete"按钮。

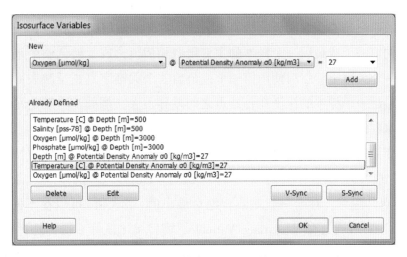

图 7-1 等值面变量对话框

要添加一个新的等值面变量，首先在"New"下拉框中构造新的变量然后单击"Add"按钮。构造等值面变量需要指定：①要在给定表面上显示的变量(显示变量)；②定义表面的变量(表面变量)；③表面上表面变量的值(表面值)。除了表面变量的数值之外，还要输入第一个、最后一个、最小或最大的关键词。通过在此字段中输入数字来指定表面变量的数值。对于第一个和最后一个关键字，ODV 根据主变量的排序检索显示变量的第一个或最后一个非缺省值。对于最小或最大关键字，ODV 首先用表面变量的最小值(最大值)确定样本，然后使用给定样本显示变量的值。

如果在"Already Defined"框中已经选择了等值面变量，可以通过单击"S-Sync"按钮同步所有其他使用相同表面的变量。可以通过单击"V-Sync"按钮来同步所有其他变量以使用相同的显示变量。

显然，必须首先定义一个派生变量，例如位密或压力，然后才能将其用作等值面变量的显示或表面变量。等值面变量的总数是无限的。"Isosurface Variables"窗口中显示了当前站点等值面变量的值。

计算具有数值表面值的等值面变量，如深度(m)=500 m的盐度(psu)，是通过使用可用的样本(盐度)值来实现的，获得等值面处线性内插值。对于B型(采水瓶数据)或少于100个样本的站点，插值使用分段线性回归，并考虑站点的所有数据。对于C型(CTD数据)和超过100个样本的站，线性插值仅涉及表面两侧的两个最近样本。

执行内插前，ODV检查显示变量覆盖的数据(盐度)，如果数据间隔过大就无法内插，并且无法计算这个站点的等值面值。用于评估数据间隔显著性的良好覆盖率标准可以使用"Collection>Good Coverage Criteria"选项进行检查和修改。

站点元信息，如小数时间、一年中的第几日以及站点的经纬度始终作为自动等值面值提供。

使用第一、最后、最小或最大关键字获得的等值面数据的质量在很大程度上取决于可用数据的分布，以及数据中是否存在明显的极值。因此，应谨慎使用这些关键字。

当所有站点的第一个或最后一个样本的主变量有相似值，或延展到整个水柱范围时，才应用第一个或最后一个关键字。然后使用第一个或最后一个关键字真正反映表面或底部条件。如果第一个样本和最后一个样本的深度在各站点之间差异很大，例如，当某些站点延伸到底部而其他站点只覆盖水柱的一部分时，则不应使用这些关键字。

只有在表面变量表现出明显的最小值(最大值)，且可用数据清楚地解析特征的区域，才可使用"最小值"或"最大值"关键字。对于具有多个最小值(最大值)的站点，将选择表面变量值极小(极大)的站点。注意，对于一组站点，绝对最小值(最大值)可以在不同的最小值(最大值)层中获得。用户可以通过在"Isosurface Variables"窗口单击鼠标右键，选择"Sample Selection Criteria>Range"，并指定变量(例如，深度、压力或时间)的范围，以指定样本范围过滤器，将极值搜索限制在用户定义的区间内。

7.1　绘制等值面变量

一旦定义了等值面变量，就可以在具有"SURFACE"视域的数据窗口的 *X*、*Y* 和 *Z* 轴上使用这些变量。如果在深度层次上绘制网格场，将自动使用最接近的等深线作为覆盖图层。如果绘制原始数据点，则使用灰色填充的海洋地形作为背景。

8 选择标准

8.1 站点选择标准

在绘制站点地图时，ODV 检查当前打开的数据集中的所有站点，并确定是否满足当前站点选择标准(图 8-1)。只有通过此测试的站点才被认为是有效的，才可标记在地图上，并且只有这个站点子集可用于随后的浏览和绘图。

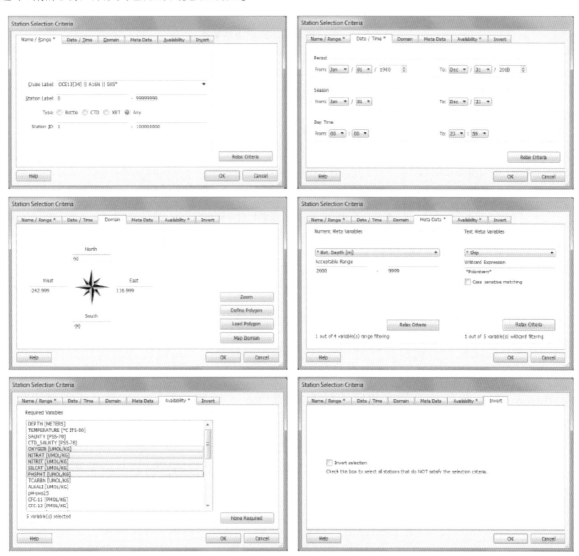

图 8-1　站点选择标准页面

可以使用"Current Station Window"弹出菜单中的"Station Selection Criteria"或主菜单中的"View>Station Selection Criteria"来修改站点选择标准。通过单击相应的选项卡[如 Name/Range、Date/Time、Domain、Meta Data or Availability（名称/范围、日期/时间、域、元数据或可用性）]来选择要修改的类别，并修改感兴趣的条目（见图 8-1）。

在"Name/Range tab"上，可以通过航次标签、站点标签范围、站点类型和内部站点 ID 号范围来选择站点。对于航次标签选择，可以从列表中选择特定的航次标签，或者可以在航次标签字段中指定一个或多个正则表达式（通配符模式）。在后一种情况下，任何匹配正则表达式之一的航次标签都将被视为有效。表 8-1 总结了可用于航次标签的正则表达式示例。如果输入多个航次标签，请使用两个"‖"分开条目。

例如：OCE13［34］‖ A16N ‖ S05 ＊。

选择航次 OCE133、OCE134 和航次 A16N 以及以 S05 开头的所有航次。

表 8-1　航次标签的正则表达式语法

字符	含义
任意字符	除了下面提到的那些字符外，任何字符都代表它自己。 示例：c 和字符 c 匹配
？	可代表任意单字符。 示例：SAVE_LEG? 可代表 SAVE_LEG1，SAVE_LEG9，SAVE_LEGa 等
＊	代表零或多个任意字符。 示例：I01_＊ 代表以 I01_ 开头的任意标签；＊06AQ＊ 代表中间含有 06AQ 的任意标签
［…］	字符集可以用方括号表示。在字符类中，像 outside，反斜杠没有特殊意义。——（-）用于表示一个字符范围；插入符号(^)出现在第一字符（即紧接在开始的方括号后），它将否定字符集。 示例：I05［EW］代表 I05E 和 I05W；LEG［0-2］代表 LEG0，LEG1，LEG2；SAVE_LEG［^3］代表除 SAVE_LEG3 以外的所有 SAVE_LEG? 航次

"Date/Time tab"可指定有效的时间间隔（周期）、有效的日期间隔（季节）和有效的日时间范围（日时间）。一个站点必须满足这三个标准才能被视为有效。季节和日时间范围可以跨越连续的年或天，例如，［10 月 20 日—2 月 3 日］或［21:09—04:15］是可接受的季节和日时间范围。

在域类别中，可以通过指定相应的经度/纬度值来定义地图的矩形子域，或者可以单击"Zoom"按钮以通过缩放来定义矩形。可以单击"Polygon"按钮，然后用鼠标输入多边形的顶点，将多边形定义为有效的域。注意，多边形会自动闭合。

在"Meta Data tab"上，可以指定数值元变量的范围和文本元变量通配符模式。要输入元变量规范，首先单击包含变量列表的组合框，选择感兴趣的变量，然后指定可接受的值范围或通配符模式。请参阅表 8-1 了解可能的通配符模式。

在"Availability category"中，可以标记一个或多个变量，这些变量必须有可用的数据，才能将站点视为有效。

在"Invert tab"中，可以反转站点选择，例如，如果选中"Invert Selection"框，则所有不符合条件的站点将被选中。

包含活动站点选择标准的页面在其页面名称后面添加"＊"，并且很容易识别。要删除给定页面的选择标准，请单击相应的页面标题并单击"Relax Criteria""Map Domain"或"None Required"按钮。

注意：不同页面上的选择标准使用逻辑"与"运算符进行组合，例如，只有站点满足所有站点选择标准，才认为站点有效。完成后单击"OK"按钮。ODV 将使用新的选择标准重建站点地图。

8.2 样本选择标准

ODV 维护一组样本选择标准，可用于根据样本值和/或质量来过滤样本。下面更详细地描述了两种类型的样本选择标准：①质量；②范围。质量过滤器指定可接受的质量标志值。数值数据变量的范围过滤器由最小和最大可接受值组成，而文本数据变量可以有一个或多个通配符规格，必须与相应的文本值匹配。

可以为不同的数据窗口指定单独的样本选择标准，并且在计算等值面变量值时应用了一组额外的样本选择标准。在所有情况下，只有满足所有指定的样本选择标准，给定样本才被视为有效。只有有效样本才显示在不同的数据窗口中，并且只有有效样本才用于计算等值面变量值。注意，当前样本窗口始终显示所有数据，没有应用样本过滤器。

可以通过右键单击窗口并选择"Sample Selection Criteria"选项来修改数据窗口的样本选择标准(此选项在 SURFACE 数据窗口中不可用)。可以通过右键单击等值面数据窗口并使用"Sample Selection Criteria"选项来修改用于等值面变量计算的样本选择标准。在"Sample Selection Criteria"对话框中(见图 8-2)，通过单击相应的选项卡(例如"质量"或"范围")，选择要修改的类别，然后修改感兴趣的条目。

在"Quality"选项卡上，选择要为其建立数据质量过滤器的变量，然后选择要接受的质量标志。点击"Apply to all variables"，对所有变量使用与选定变量相同的质量标志模式，使用相同的质量过滤器。如果想接受所选变量的所有质量标志，请单击"Relax this quality filter"。然后，如果要使用与选定变量相同的质量标志模式来放宽所有变量的所有质量过滤器，请单击"Apply to all variables"。

如果只想查看在特定值范围内具有值(针对一个或多个变量)的样本，请使用"Range"选项卡上的选择条件。例如，如果正在研究上层水体，只想查看 0~500 m 深度的样本，请选择深度变量并在可接受范围下输入所需的范围。可以一次为多个变量指定范围过滤器。对于文本变量，可以指定一个或多个通配符表达式，如"N＊‖ Gerard"将只选择变量文本值以"N"开头或等于"Gerard"的样本。

注意，如果正在编辑覆盖数据窗口的样本过滤器，覆盖窗口的已修改样本过滤器也会自动
应用于父窗口。

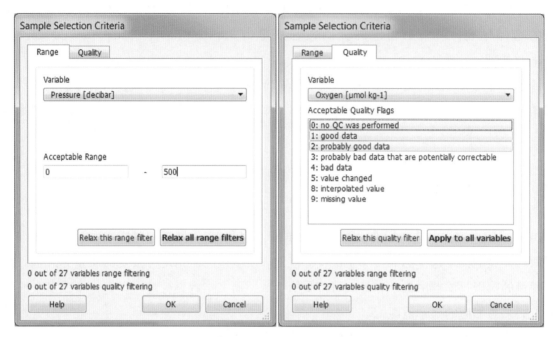

图 8-2　样本选择标准页面

9 站点地图

9.1 地图属性

站点地图的属性可以通过地图弹出菜单的"Properties"选项或通过"View > Window Properties>Map"进行修改。这包括改变地图区域和投影、海洋水深、海岸线和陆地地形的外观、站点符号的样式，以及诸如图形字体大小或轴标签颜色和样式等一般属性（图9-1、图9-2和图9-4）。

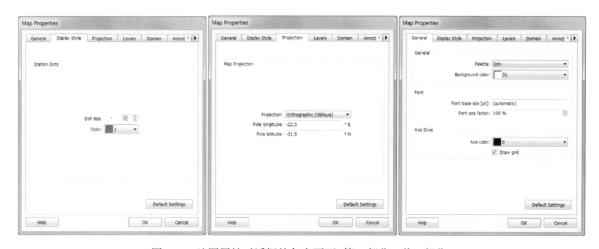

图 9-1 地图属性对话框的各个页面(第 1 部分，共 3 部分)

常规

在"General"页面上，可以定义地图使用的调色板、地图窗口的背景颜色、基本字体大小和字体大小缩放比例以及轴和轴注释的颜色。可以打开或关闭网格线。

显示样式

在"Display Style"页面上，可以定义地图中站点标记的颜色和大小。选择(自动)颜色会导致数据集中不同航次的颜色不同。

投影

在"Projection"页面上，选择地图投影和投影极点的经纬度(观察者的位置)。目前支持以下投影：①默认投影；②正射(北极)；③正射(赤道)；④正射(南极)；⑤正射(倾斜)；⑥摩尔威德。默认投影在经度和纬度方向上是线性的。正射投影是半球形的，而默认投影和摩尔威德投影是全球范围的。所有投影允许使用鼠标放大或使用地图属性对话框的域页面(见下文)定义子区域。对于正射(倾斜)投影，可以指定任意的经度/纬度眼位(极点)，然后从该位置查看地球。对于其他投影，极点纬度是固定的，用户只能改变极点经度。

注意：对于投影②至⑥，通过缩放定义子域可能会非常棘手。如果需要准确的结果，请使用地图属性对话框的域页面或暂时切换到默认投影，然后缩放（从而定义子区域），最后切换回所需的地图投影。

图层

ODV 自带大量的地图资源包（称为系列），包含中等或高分辨率的测深和地形轮廓以及海岸线、湖泊、河流和边界数据。中等分辨率的全球 GlobHR 系列随 ODV 软件自动安装。有关其他可用地图资源和安装说明的信息，请参阅第 2.12 节中的地图资源部分。

在图层页面上，选择"测深-海岸线-地形系列"，并指定不同图层集类别中的图层。通过选中或取消选中"Draw color bar"框，打开或关闭地图颜色条的绘制。有两种方法可以选择用于 ODV 站点地图的系列：自动或者手动。

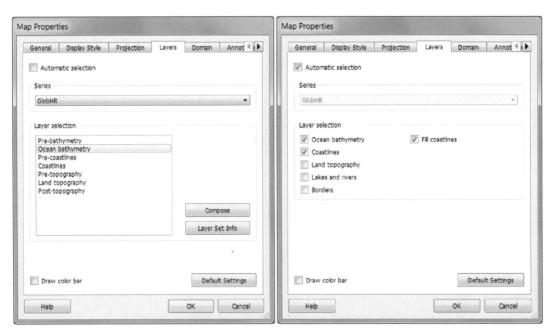

图 9-2　地图属性对话框的各个页面（第 2 部分，共 3 部分）

- 自动系列选择

通过选中"Automatic selection"复选框打开自动系列选择。在此模式下，ODV 将自动确定给定地图域的最佳可用系列，并将该系列用于站点地图。每当地图域发生变化时（例如，通过缩放或使用地图弹出菜单中的全域或全球地图选项），ODV 将为新域找到并使用最佳安装系列。ODV 还将自动选择适合给定域的海洋水深和陆地地形图层。通过选中或取消相应的复选框，可以打开或关闭海洋水深、海岸线、陆地地形、湖泊和河流以及国界的绘制。

要使自动系列选择有用，应该安装一个或多个 ODV 网站上提供的高分辨率测深-海岸线-地形系列。有关其他可用地图资源和安装说明的信息，请参阅第 2.12 节中的地图资源部分。

如果创建了自己的自定义海岸线-测深系列，并希望将其包含在自动系列搜索中，则必须创建一个设置文件，其中包含有关该系列的域和空间分辨率信息。

- 手动系列选择

取消勾选"自动选择"复选框可手动选择测深-海岸线-地形系列，并且还可以组合单个图层集并指定其图形外观。这种模式可使用户最大限度地控制站点地图的设计。

可以通过单击"Series"勾选框来选择任何已安装的系列。注意，某些系列是区域性的，可能必须手动将地图域调整到相应的系列域。选择一个系列后，可以在各种图层集类别中定义图层。绘制地图时，图层集（以及集内的图层）按给定顺序绘制。

要获取有关所选图层集的信息（例如海洋水深），可单击"Layer Set Info"按钮。要定义所选图层集的图层，单击"Compose"按钮。注意，默认图层是为所有类别定义的，如果地图显示结果适合需求，则不需要修改任何图层集。

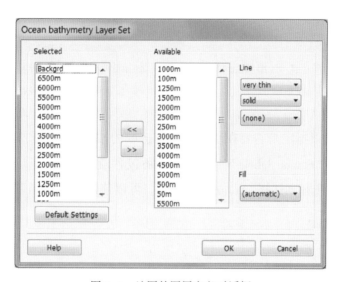

图 9-3   地图的图层定义对话框

如果单击"Compose"按钮，就会出现图层定义对话框（见图9-3）。可以通过在可用列表中选择图层并单击"<<"按钮来添加图层。可以通过在选定列表中选择图层并单击">>"按钮来删除图层。根据"Line"和"Fill"框中的属性，可以填充给定图层和/或绘制其轮廓。默认颜色设置是"automatic"，在这种情况下，会自动选择合适的颜色（推荐）。可以通过单击相应的组合框来覆盖这些设置并选择特定的颜色。如果不想填充和/或画图，请选择"none"。注意，可以更改选定列表中给定图层的属性，方法是单击该图层，然后修改线条和填充设置，最后单击"<<"进行更改。

域

在地图属性对话框的"Domain"页面上，可以通过提供东西经度和南北纬度来指定地图域。用户可以通过单击"Full Domain"或单击"Global Map"选择全球域来选择数据集中站点所跨越的域（本地域）（见图9-4）。

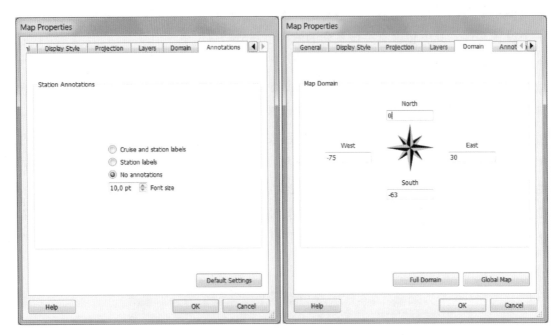

图 9-4　地图属性对话框的各个页面(第 3 部分，共 3 部分)

注释

在注释页面上，可以指定是否要在地图中注释选取的站点。如果要在站点位置旁边绘制选取的站点标签，请选择"Station labels"；如果注释还包含航次标签，请选择"Gruise and station labels"；或者如果不想注释则选择"No annotations"。可以使用"Pick list Editor"更改相对站点位置的注释位置。

9.2　选取站点

站点地图包括一个选取站点的列表。所选站点的数据在站点数据窗口中绘制，选取的站点也使用与数据窗口中相同的颜色和符号在地图上标记。可以通过将站点设置为当前站点(例如，通过左键单击该站点)并单击"ENTER"按钮将站点添加到选择列表中。用鼠标左键双击一个站点也会将站点添加到选择列表中。注意，新添加的站点的数据将被添加到所有的站点数据窗口，并且它也会在地图中进行标记。要从选取列表中删除站点，先使其成为当前站点(例如，通过单击一个站点数据窗口中的一个数据点)，然后单击"Del"按钮。

可以使用地图弹出菜单中的"Manage Pick List>Edit Pick List"选项来编辑整个选取列表。将出现"Pick List Editor"对话框，可以编辑选择列表中每个站点的属性和图形外观。也可以更改列表中的顺序或从列表中删除单个站点，或者完全清空列表(见图 9-5)。

注意：如果当前的视图包含选取的站点，但未显示站点数据窗口，则选取的站点将在地图上以站点符号周围的黑色圆圈突出显示。一旦站点数据窗口被创建，所选的符号将再次显示。

此外，对于站点类型不同于"B"的选取站点，最初不分配符号，只是突出显示站点样本之间的连线。一旦手动定义了一个符号类型，它将被永久使用(在 ODV 4.2.0 版中引入)。

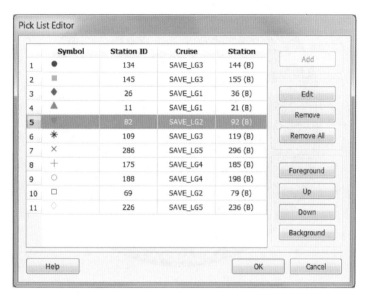

图 9-5　选取列表编辑器对话框

9.3　断面

必须在绘制断面数据窗口之前在站点地图中定义一个断面。要定义一个新的断面或使用先前定义的断面，请右键单击地图调用地图弹出菜单。如果要定义新断面，请选择"Manage Section>Define Section"，如果要加载之前定义的断面，请选择"Manage Section>Load Section"。在后一种情况下，只需从文件打开对话框中选择一个断面文件(例如通过双击它)。如果创建了新的断面，ODV 会暂时切换到完整地图页面，以便更容易地定义断面中脊。请注意，鼠标光标变为十字线时，表示用户需要输入定义该断面中心线的一系列点。

通过将十字线移动到所需的位置并单击鼠标左键来输入点。要移除一个点，需将鼠标靠近它并单击鼠标右键。要确认一组点，单击"ENTER"按钮或双击鼠标左键指定最后一个点。注意，可以沿任意航次路径构建相当复杂的断面，如图 9-6 所示。

指定断面中脊后，ODV 会为断面带指定默认宽度，并选择距起始点(输入的第一个点)的距离作为默认沿断面坐标。这些和许多其他断面属性可以在"Section Properties"对话框(见图 9-7)中修改，该对话框在指定断面中脊后自动出现。可以在任何时候通过从地图弹出菜单中选择"Manage Section>Section Properties"来调用断面属性对话框。

在断面属性对话框中，可以选择距离、经度或纬度作为沿断面坐标，可以设置断面带的宽度，选择水深值的来源、断面水深的颜色，并指定断面的标题。

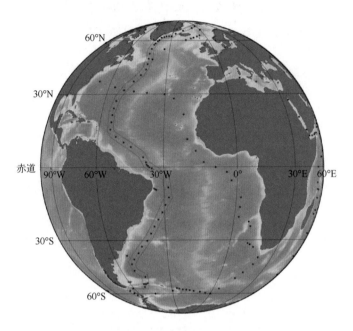

图 9-6　地球化学海洋剖面研究计划西大西洋断面

图 9-7　断面属性对话框

　　每个断面都有一个水深多边形，可以采用多种方式定义：①使用站点底层深度元数据；②使用在特定的 NetCDF 文件中提供的全球或区域网格水深数据集；③使用 .gob 文件中的 ODV 多边形图形对象。可以使用"View>Settings>Gridded Bathymetry>Resources"选项（在 Mac OS 系统上使用"odv4>Preferences>…"）下载和安装网格化水深文件。图 9-8 显示了一个使用 .gob 文件中的船载测深数据作为断面多边形的例子。

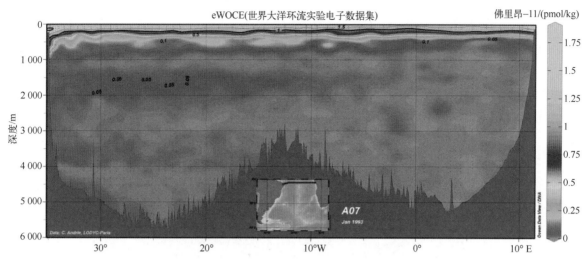

图 9-8　使用船载测深数据作为断面水深多边形的断面

注意：对于要在断面图中显示的海底地形图，需确保绘图的 Y 变量已标识为"水柱深度"或"水柱压力"。使用"Collection>Identify Key Variables"选项来检查和验证标识。

通过选择"Manage Section>Save Section As"选项，可以将当前断面保存在文件中。稍后可以通过选择"Manage Section>Load Section"加载保存的断面。选择"Manage Section>Remove Section"以删除断面。

注意：地图中标记的断面内的所有站点都属于该断面。所有这些站点的数据都绘制在断面数据窗口中。

9.4　站点分布

可以通过从地图弹出菜单中选择"Extras>Statistics"或在鼠标悬停在地图上时按"F4"键来生成地图中站点的空间和时间分布图。将出现"Map Statistics"对话框，可以查看地图中当前选定站点随时间或季节的分布（分别按下"Time Histogram"或"Season Histogram"）。直方图显示在单独的对话窗口中（见图 9-9）。可以通过单击"Save As"并选择适当的文件类型将图形保存为 GIF、PNG、JPG 或封装的 PostScript 文件。

在"Map Statistics"对话框中按下"X/Y Distribution"会生成一个图形，通过小瓦片（ODV 将数据按空间分块存储管理，每个空间块称为一个"瓦片"）中的站点数量，显示整个地图域中的数据密度。这种分布图可以方便地识别密集站点覆盖区域，特别是在站点地图中有非常多的站点和许多重复站点绘制在相同位置的情况下。可以放大地图并重复上述步骤以获取空间分辨率更高的站点密度信息（见图 9-10）。

海洋数据视图（ODV）用户向导

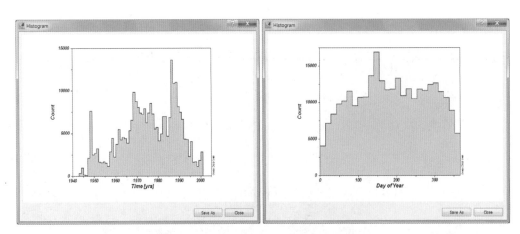

图 9-9　地图中站点的时间和季节直方图示例

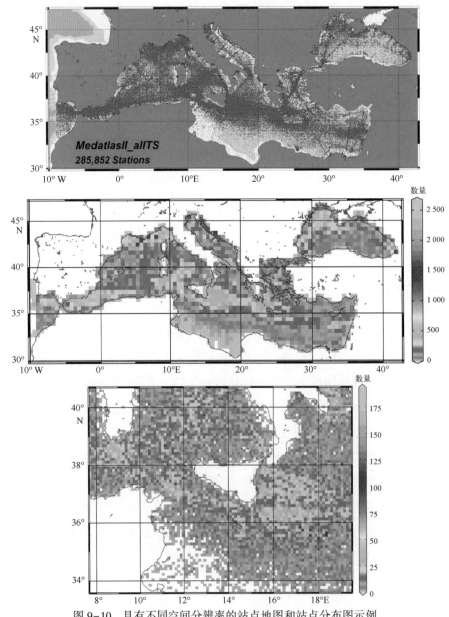

图 9-10　具有不同空间分辨率的站点地图和站点分布图示例

9.5 经度符号和值约定

（1）ODV 数据集中的经度元数据以东经(0°—360°)存储。

（2）"Export>Station Data>ODV Spreadsheet File"和"Export>Station Meta Data"选项允许用户选择经度输出约定：①(0°—360°)或②(-180°—180°)。

（3）通过"Export>X，Y，Z Window Data"和"Extras>Clipboard Copy"功能导出站点地图和数据窗口地图中的数据，生成当前站点或数据窗口地图中使用的经度值。

（4）站点或数据窗口地图中的经度元数据的符号和值取决于地图域是(b)否(a)跨越格林威治子午线：

（a）格林威治子午线不在地图域中，也不作为东西边界；（b）格林威治子午线在地图域内。

如果是(a)，地图经度总是正值，并且在(0°—360°)范围内(值代表向东的度数)。如果是(b)，格林威治子午线以东的经度为正(向东的度数)，而格林威治子午线以西的经度为负(向西的度数)。在所有情况下，地图经度从西向东单调递增，如图 9-11 所示。

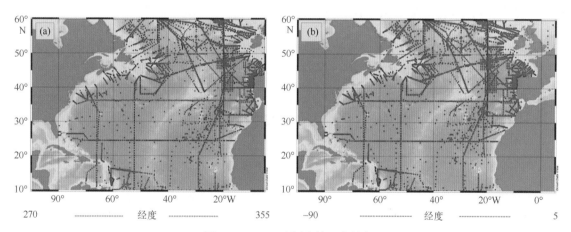

图 9-11 ODV 地图中的经度约定

10 数据窗口

10.1 数据窗口属性

数据窗口的属性可以通过右键单击相应的窗口并选择属性选项来修改。或者，也可以使用"View>Window Properties>Window X"来修改，其中 X 是窗口的编号。某些窗口设置，例如窗口 X、Y 和 Z 轴上的值范围或变量可以使用数据窗口弹出菜单的"Set Ranges"和"X-, Y-, and Z-Variable"选项进行修改。

数据窗口属性对话框由六个单独的页面组成(图 10-1 和图 10-5)。

图 10-1 数据窗口属性对话框的各个页面(第 1 部分, 共 2 部分)

常规

在"General"页面上，可以定义数据窗口使用的调色板、数据窗口的背景颜色、当前站点的突出显示样式、基本字体大小和字体大小缩放比例以及轴和轴注释的颜色。可以打开或关闭网格线以及轴上的自动变量标签。可以通过关闭自动轴标题和创建自己的注释图形对象来定制坐标轴上的文本。

数据

在"Data"页面上，可以定义数据窗口的范围，X、Y 和 Z 轴上的变量以及各种轴属性。正常轴的方向是 X 从左到右数值增加，Y 从下到上数值增加，Z 从颜色条的底部到顶部增加。可以反转一个或多个轴的方向，例如选中"Reverse range"复选框，使海洋深度向上递减。

要修改 X、Y 和 Z 轴属性，请单击"X-Axis Settings""Y-Axis Settings""Color bar Settings"，将出现轴属性对话框(图 10-2)，指定相应轴上的值范围、沿着轴的投影(线性、对数或延伸)、标记和未标记刻度的间距以及标记轴的位置。选择"automatic"，刻度标记间距可让 ODV 自动确定标记的位置和频率。"Position"输入允许选择轴位置(左侧或右侧、底部或顶部)或关闭相应轴的标签。

注意：如果检测到轴上的小数时间变量，则 ODV 应用特殊的标签策略。在这种情况下，用户不能更改标签间距。

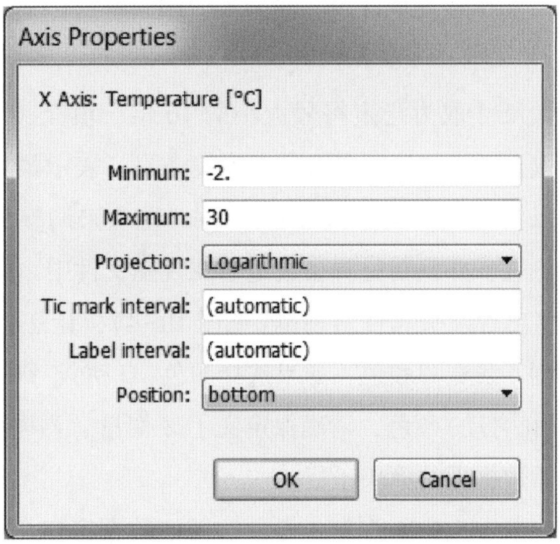

图 10-2　轴属性对话框

ODV 支持 X 轴和 Y 轴的下列投影：①线性(默认)；②对数；③左(上)部分拉伸；④左(上)部分拉伸(强)；⑤中间部分拉伸；⑥中间部分拉伸(强)；⑦右(上)部分拉伸；⑧右(上)部分拉伸(强)。图 10-3 是显示使用对数和 Y 轴向上拉伸的示例。注意，断面图中上部水柱的分辨率增加。

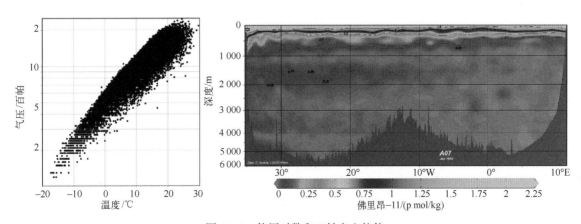

图 10-3　使用对数和 Y 轴向上拉伸

显示样式

在"Display Style"页面上，可以通过单击相应的项目，在ODV两种基本绘图类型（"Original data"和"Gridded field"）之间切换。

对于原始数据，可以选择显示类型"Colored Dots""Sized Dots""Numbers""Arrows"，以获得测量位置的彩色点、大小点、数值或箭头。在"Symbol size"下的两个字段中指定点的大小和颜色或数值的字体大小和颜色。注意，所选颜色只在没有 Z 变量的断面、散点和等值面数据窗口中可用。在具有 Z 变量的数据窗口中，点的颜色（或大小）由 Z 值确定。在站点窗口中，不同的选择站点使用不同的颜色。这些颜色是自动分配的，但用户可以随时修改。线宽度仅在站点数据窗口中可用。

对于大小点，点的最大尺寸取为指定符号大小的 10 倍，填充颜色由"Symbol color"给出，边界颜色和边界宽度分别取自数据标记颜色和线条宽度条目。表示最大 Z 范围值的样本点绘制在数据窗口的左下角。可以使用数据窗口的"Set Ranges"选项来调整最大 Z 范围值。样本点和关联的注释可以拖到其他位置，并且新位置会被记录在视图文件中。

如果选择"Arrows"，将出现箭头属性对话框（见图 10-4），让您选择提供箭头的 X 和 Y 分量的变量，以及箭头的比例、线宽和颜色。如果选择颜色（自动），则箭头颜色由箭头位置处的 Z 变量的值确定。如果使用（自动）颜色，请确保定义了 Z 变量。要再次打开箭头属性对话框并修改箭头设置，请单击原始数据下的箭头条目。

可以通过单击"Gridded field"来为具有 Z 变量的任何数据窗口（比如沿断面或等值面上的属性分布）生成网格化属性场，而不是在样本位置显示彩色圆点。然后选择以下可用的网格化方法，比如快速网格化、加权平均网格化和 DIVA 网格。然后分别为 X 轴和 Y 轴指定适当的平均长度刻度。注意，长度刻度以全轴范围的千分之一为单位，而较大的值会导致平滑的场。应该尝试使用不同的长度刻度值，直到在数据结构保留和平滑性之间达成可接受的折中方案。如果选中"Automatic scale lengths"复选框，ODV 将自动分析数据分布并选择网格长度标尺。

ODV 断面窗口提供等密度网格作为高级的网格化程序，将沿着等密度线对齐属性等值线。如果定义了派生变量中性密度 γ^n 或位密并使用 DIVA 网格，则此功能可用。有关更多详情，请参阅下文。

注意，如果执行不当，网格场可能不能很好地展示数据。

所有 ODV 网格化方法都为给定网格点 (x, y) 的每个估计值分配一个无量纲数值。数值基于估算所用的所有数据点与估算点的距离（以各自的平均标尺长度单位测量）。大于 3 的数值一般被认为是有问题的，这表明最近的测量值远离估计点两个长度尺度。可以通过选中"Hide bad estimate"复选框并指定适当的质量限制值来选择隐藏较差的估计值。

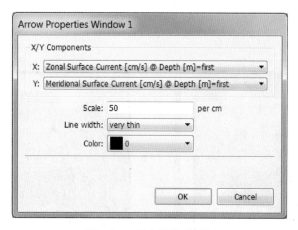

图 10-4　箭头属性对话框

　　如果勾选了"Do color shading"，则网格场由 ODV 着色。如果选中"Draw marks"并为点指定适当的大小和颜色，则将在图中标记实际数据点的位置。所有网格模式都支持属性场的等值线（见下文）和颜色填充。

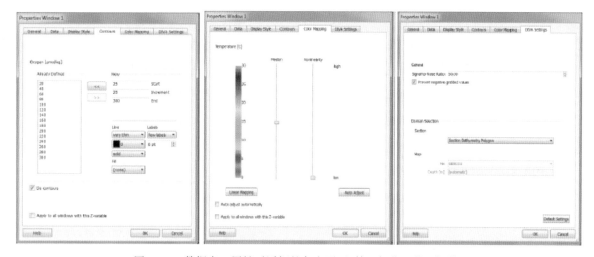

图 10-5　数据窗口属性对话框的各个页面（第 2 部分，共 2 部分）

等值线

　　数据窗口属性页面的"Contours"页面允许为绘图定义等值线。仅当网格场被选为显示样式时才能启用该页面（参见上文）。要添加等值线，请在新组中指定 Z 值的起始值、步长和结束值。选择合适的线条和标签属性，然后单击"<<"按钮将一组等值线添加到已定义的列表中。如有必要，请以不同的起始值、步长和结束值以及可能不同的线条和标签属性重复此过程。可以修改现有等值线的属性，方法是在"Already Defined"列表中选择它，修改新建组中的属性并单击"<<"按钮。

　　除了描绘与给定 z 值相关的等值线外，用户还可以要求 ODV 使用自动颜色或用户指定的颜色(在"Fill"下选择颜色)来填充由大于 z 的 Z 值定义的区域。图 10-6(b)是对所有等值线通过在"Fill"下使用(自动)生成的。

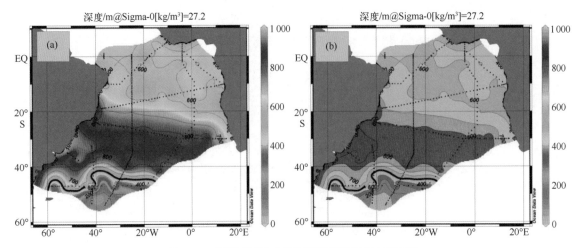

图 10-6　连续填色(a)和等值线填色场(b)的比较

颜色映射

"Color Mapping"页面允许操作 Z 变量值和关联颜色之间的映射。此页面仅适用于带有 Z 变量的数据窗口(例如，等值面上的颜色部分或颜色分布)。单击"Auto Adjust"按钮建立一个可能的非线性映射，根据 Z 值的分布自动构建。单击"Linear Mapping"按钮将恢复默认的线性颜色映射。可以通过将中值轨迹栏移动到 Z 值来建立自定义的颜色映射，以获得最高的色彩分辨率，并使用非线性轨迹栏增加非线性度。

DIVA 设置

"DIVA Settings"页面允许操作控制 DIVA 网格算法的参数。有关详细信息，请参阅 DIVA 网格化方法的描述。如果数据窗口不使用 DIVA 网格，此页面将被禁用。

10.2　缩放和自动缩放

可以通过将鼠标移到该窗口上，单击鼠标右键来调用数据窗口弹出菜单并选择"Full Range"或"Zoom"来更改任何数据图的变量范围。对于"Full Range"，将调整当前窗口的 X 和 Y 范围以适应此窗口中所有绘制的数据值。如果在画布弹出菜单上使用"Full Range"，则可以在一次操作中自动缩放屏幕上的所有数据图。

如果选择"Zoom"，当前窗口周围会出现红色缩放框。要操作此缩放框，请将鼠标移动到其边缘、角落或内部，然后按下鼠标左键并拖动边缘、角落或整个框到所需的位置。注意，左下角和右上角的 x/y 坐标显示在状态栏的中间部分。通过双击鼠标左键或单击"ENTER"键，接受缩放框的当前设置并相应地调整变量范围。如果要中止缩放操作并保留原始变量范围，请按

"ESC"键或单击鼠标右键。

除了前面段落中描述的正常缩放程序之外，还有一种缩放方法(快速缩放)，在许多情况下使用起来可能更容易、更快捷。当鼠标悬停在数据窗口或地图上时，按住"Ctrl"键(在Macintosh系统上使用"cmd"键)，然后按住鼠标左键并移动鼠标以打开缩放框。释放鼠标左键将缩放框设置应用于启动快速缩放的窗口。

这些更改将应用于缩放的窗口。如果范围同步处于打开状态(请参阅"View>Settings>Windows"对话框页，在Mac OS系统上使用"odv4>Preferences>Windows")，新范围也会将其中一个修改后的变量应用于其他窗口。

10.3 Z-缩放

所有带有颜色条的数据窗口都可以通过缩放颜色条(Z-缩放)来修改Z变量范围。要调用Z-缩放，请将鼠标移动到数据窗口上并单击鼠标右键以调出数据窗口弹出菜单。选择Z-缩放将在相应窗口的颜色条周围绘制红色缩放框。如上所述操作并拖动此缩放框。要接受缩放框的当前设置并相应地调整Z变量范围，请双击鼠标左键或按"ENTER"键。如果想放弃缩放操作并保留原始Z变量范围，请按"ESC"键或单击鼠标右键。

这些更改将应用于缩放的窗口。如果范围同步处于打开状态(请参阅"View>Settings>Windows"对话框页，在Mac OS系统上使用"odv4>Preferences>Windows")，新范围也会将其中一个修改后的变量应用于其他窗口。

10.4 更改窗口布局

使用主菜单中的"View>Window Layout"、画布弹出菜单的"Window Layout"选项或按快捷键"Alt"+"W"，可以轻松修改站点地图的位置和大小以及数据窗口的数量、位置和大小。ODV将概述当前布局，并允许移动、调整大小、删除或创建窗口。要在窗口上执行这些操作，请将鼠标移到此窗口上，单击鼠标右键并选择适当的选项。

如果选择"Move/Resize"，相应窗口周围会出现红色缩放框。可以通过将鼠标移动到角落、边缘或内部，按住鼠标左键并移动鼠标，可以移动和/或调整此缩放框的大小。要接受窗口的新大小和位置，请双击鼠标左键或按"ENTER"键。要中止移动/调整大小操作并保持窗口位置不变，请按"ESC"。注意，覆盖窗口无法移动或调整大小。

将鼠标移到其中一个现有窗口上，单击右键并选择"Create New Window"或"Create Overlay Window"选项，即可创建新窗口。在这两种情况下，新窗口的初始属性都源自现有窗口。如果使用"Create New Window"，则新窗口将放置在ODV图形画布的中间，必须使用上面的"Move/Resize"选项对其进行定位和调整大小。如果使用创建覆盖窗口，覆盖窗口所需的一些属性将自动设置，新窗口将与现有窗口对齐。通过右键单击此窗口并选择"Properties"选项，可以修改现有窗口或新窗口的属性。要在 X、Y 和 Z 轴上选择新变量，选择"Properties"对话框的"Data"页面，并在不同轴的组合框中选择适当的变量。注意在默认情况下，变量值向右和向上增加。如果想反转方向(例如深度剖面中的深度)，请选中相应的"Reverse range"复选框。单击"OK"按钮接受新的属性。注意，地图或任何数据窗口的属性也可以在离开"Window Layout"模式后随时更改(参见上文)。除了手动排列地图和数据窗口外，还可以通过从各种布局模板中进行选择来实现预定义的窗口布局(从"View"菜单或者画布或窗口布局弹出菜单中选择"Layout Templates"，然后选择其中一个模板)。

右键单击鼠标并选择"Accept"以离开"Window Layout"模式并接受新的窗口布局。如果想放弃修改并保留原始窗口布局，单击"Cancel"。

10.5　图形输出

GIF、PNG、JPG 和 TIFF 文件

通过从画布弹出菜单中选择"Save Canvas As"、数据窗口或地图弹出菜单中选择"Save Plot As"或"Save Map As"，然后选择相应的文件类型，可以将整个画布、单个数据窗口或地图保存为 gif、png、jpg 或 tiff 文件。

这些选项也可以通过快捷键来调用：①当鼠标在画布区域上时按"Ctrl"+"S"键保存 ODV 图形画布；②鼠标移到地图或数据窗口时，按"Ctrl"+"S"键将保存相应的数据图。ODV 将显示一个文件保存对话框，让您选择适当的输出文件类型[GIF(*.gif)、PNG(*.png)、JPG(*.jpg)或 TIFF(*.tif)]。注意，默认的输出文件名源自当前视图名称。如果需要，可以选择任何其他名称或目录。然后，ODV 让您定义输出图像的分辨率。注意，可达到的最大分辨率受系统可用内存的限制。

PostScript 文件

要为整个屏幕或任何单独的数据窗口或地图生成封装的 PostScript .eps 文件，请右键单击画布或各自的数据窗口或地图，然后选择"Save Canvas As""Save Plot As"或"Save Map As"(或者，也能当鼠标悬停在画布、数据窗口或地图上时按下"Ctrl"+"S")，选择 PostScript(*.eps)作为文件类型并指定输出文件的名称和目录。ODV 随后显示"PostScript Settings"(PostScript 设置)对话框，让您指定 PostScript 输出方向和大小。生成的封装 PostScript 文件可以发送到 PostScript 打印机进行打印，或者将其导入 LaTex 或 Word 文档中，或者可以使用外部图形软件(如 Adobe Illustrator 或 Corel Draw)打开，进行编辑和处理。如果打算在其他文档中包含 ODV.eps 输出文件，请确保取消选中"PostScript Settings"对话框中的"Show Collection Info"框。

10.6 数据统计

通过鼠标右键单击窗口并选择"Extras>Statistics"或在鼠标悬停在窗口上时按"F4"键,可以获得给定数据窗口中显示数据的统计信息。将出现窗口的统计页面(图 10-7),并显示数据点的平均值、标准偏差、数量以及相应窗口的 X、Y 和 Z(如果存在的话)变量的最小和最大值。注意,数据点的平均值、标准偏差和数量仅基于当前可见数据,而最小值和最大值使用所有可用数据。

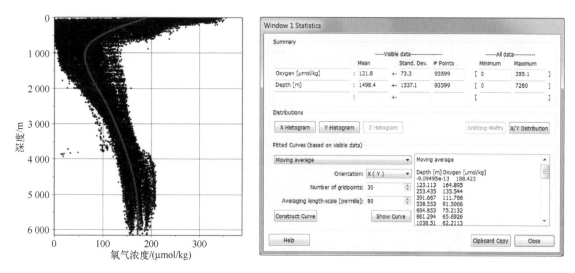

图 10-7 散点数据窗口的统计对话框(右)显示了东北太平洋的氧气浓度与深度的关系(左)

可以通过单击相应的"Histogram"按钮来获得 X、Y 和 Z(如果有的话)数据的分布直方图。图 10-8 显示了一个示例直方图。该图仅基于当前可见的数据。可以通过单击 X/Y 分布按钮来获取 X/Y 空间中的数据分布图。所有直方图和分布图可以保存为 GIF、PNG、JPG、TIFF 或封装的 PostScript 文件。

如果父数据窗口当前使用加权平均或 DIVA 网格,则"Gridding Misfits"按钮将可用。单击这个按钮会产生一个图表,显示当前网格化程序的估计数据差异(见图 10-9)。

ODV 还将允许通过数据拟合三种类型的曲线:①最小二乘法直线;②分段最小二乘法直线和③滑动平均曲线。可以从"Fitted Curves"组的组合框中选择其中一种曲线类型。然后选择拟合的方向[在图 10-7 的示例中,我们希望氧气作为深度的函数,例如 X(Y)]。对于曲线类型②和③,还可以指定曲线将被评估的点数(默认为 30,选择更大的值以获得更平滑的曲线)。对于滑动平均曲线(类型③),可以指定一个平均长度标度(变量轴范围的千分之一,例如图 10-7 中的 Y=Depth)。大的平均长度标度将导致平滑,小的值将保留数据中更多的结构。按"Construct Curve"计算曲线并将结果显示在右侧的框中。这些结果可以复制到剪贴板(通过按"Clipboard Copy"),然后粘贴到其他文档或应用程序中供外部使用。

也可以按"Show Curve"将构建的曲线添加到数据窗口。注意，曲线是作为多边形图形对象添加的，这意味着可以使用普通图形对象程序随时编辑或删除对象。

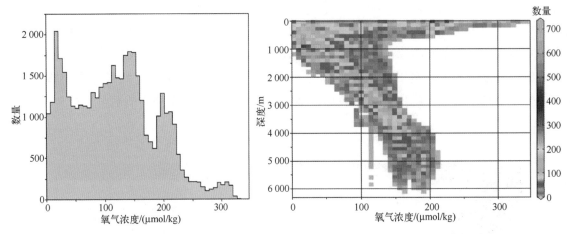

图 10-8　来自图 10-7 数据的氧气数据分布直方图（左）和氧气/深度数据分布（右）

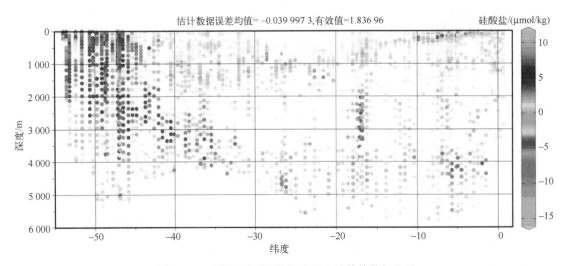

图 10-9　示例图显示了数据位置上的估算数据差异

10.7　等密度线

可以通过选择数据图弹出菜单中的"Extras>Isopycnals"选项将等密度线添加到 T/S 数据图。在"Isopycnal Properties"对话框中，指定等密度线的参考压力以及图形属性。单击"Switch On"按钮以启用等密度线。要关闭等密度线，请选择"Extras>Isopycnals"，并单击"Switch Off"。

"Extras>Isopycnals"选项仅适用于以下两种类型的 T/S 图：

(1)已经确定为实用盐度关键变量的基本盐度变量位于 X 轴上，并且 ODV 派生变量位温位于 Y 轴。

（2）派生变量绝对盐度位于 X 轴，派生变量保守温度位于 Y 轴。

对于所有其他情况，"Extras>Isopycnals"选项被禁用，密度等值线无法使用。

10.8 使用场检查发现异常值

使用加权平均或 DIVA 网格的断面或散点数据窗口允许使用"Extras>Find Outliers（Field Check）"选项识别和编辑 Z 变量数据异常值。

指定异常值输出文件的名称和位置后，ODV 将开始估计数据位置点的 Z 值（场值），并计算估计值减去数据差异（失配）以及失配标准偏差。偏离场值超过失配标准偏差 1.5 倍的数据值被视为异常值并标记。该过程最多重复三次，每次忽略先前标记的数据点。然后可以查看已识别的异常值列表，可以检查和编辑相关联的 Z 变量值。

注意，如果可疑数据的比例相对较小，并且数据窗口的选定网格长度标度与数据中发现的典型长度标度相对应，则此识别异常值的方法效果最佳。应注意在网格场中可能无法正确表示的急剧梯度区域。在这些地区，较大的失配值可能反映了较差的估计场值，而不是数据值本身的问题。出于效率原因，即使数据窗口本身使用 DIVA 网格，场检查仍然采用加权平均网格。

11 图形对象

可以将文本注释、符号、线条和其他几何对象添加到画布、地图或任何数据窗口。可以将"ESRI shapefile"[美国环境系统研究公司(ESRI)开发的一种空间数据开放格式文件]中提供的地理要素数据添加到站点地图中。支持以下图形对象：①文本注释；②直线；③矩形和正方形；④椭圆形和圆形；⑤多边形(直线段或贝塞尔平滑曲线)；⑥填充的多边形(直线段或贝塞尔平滑曲线)；⑦符号；⑧符号集；⑨图例；⑩来自文件的各种对象类型。这些对象的详细描述如下。

图形对象由画布、地图或创建对象的特定数据窗口拥有。只要相应的父窗口被绘制，画布、地图或数据窗口的所有图形对象都会被绘制。图形对象的坐标可以在其所属窗口或画布的坐标系中指定。画布坐标以厘米为单位，以左下角为起点，向右或向上递增。

一个对象的初始所属关系和坐标系继承于初始创建窗口。像图形对象的大多数其他属性一样，可以随时编辑和修改所属关系和坐标系。默认情况下，图形对象被剪切到父窗口。如果在窗口的视口外创建对象，确保未选中对象属性对话框的"Clip to window"复选框。

图形对象属于当前视图并保存在视图文件中。

创建

除了图例可以自动创建外，只能通过从地图或数据窗口弹出菜单中选择"Extras > Add Graphics Object>…"("…"表示所需的对象类型)或者从画布弹出菜单中选择"Add Graphics Object>…"来创建并添加任何其他图形对象。初始创建后，会出现对话框允许用户定义对象的各种属性。这些属性也可以随后随时再次更改(请参阅下面的编辑)。图形对象属于初始创建时的窗口(或画布)，并且图形对象的坐标位于相应的窗口坐标系中。因此，窗口的所有对象都会随相应窗口的移动或调整自动调整。

也可以通过图形对象弹出菜单的"Copy Object"选项或图形对象管理对话框的"Copy"按钮，将现有对象的副本创建为图形对象(见下文)。用户也可以从"ODV. gob"文件导入图形对象，它是先前导出现有图形对象创建的。其他窗口对象，如断面图中的地形多边形、数据窗口中显示网格场的等值线、数据窗口中显示原始数据的彩色数据点或站点地图中的站点选择多边形也可以导出到. gob 文件。所有这些导出的对象以后都可以作为图形对象导入并添加到画布、地图或任何数据窗口。

编辑和删除

可以将鼠标移动到对象上（对于符号集，将鼠标移到其中一个符号上），单击鼠标右键从弹出菜单中选择"Properties"来修改给定对象的属性。某些图形对象，如轴标签、单位箭头框或图例，会自动创建和删除（自动图形对象）。这些对象不能手动编辑或删除［自动轴标题在窗口"Properties"对话框的"General"页面上打开/关闭］。会出现对话框（对象不同则不同），让您轻松快速地更改属性。图形对象可以被剪切到它们的父窗口（选中"Clip to window"复选框），并且可以在绘制窗口数据之前绘制它们（选中"Pre-data plot"复选框）。将鼠标移动到某个对象上，单击鼠标右键并选择"Delete Object"，即可删除对象。

拖放

如果设置了图形对象的属性为"Allow dragging"，则只需将对象拖动到其他位置即可重新定位该对象。要拖动一个对象，将鼠标移到它上面，单击并按住鼠标左键，然后移动鼠标。在默认情况下，除了与实际数据值关联的符号集之外，所有图形对象最初都会允许拖动。可以随时使用对象的"Properties"对话框更改"Allow dragging"属性（请参阅上文）。

管理图形对象

可以使用各自的"Extras>Manage Graphics Objects"选项来管理画布、地图或任何数据窗口的图形对象。这包括更改对象的属性、导出、复制、删除或更改对象的绘制顺序。

11.1　注释

可以通过从画布、地图或数据窗口弹出菜单中选择"Extras > Add Graphics Object > Annotation"来添加注释。将出现的"十"字光标，移动到显示注释的位置，然后单击鼠标左键。注意，对象初始创建的窗口将拥有相应的对象。添加（或编辑）注释时，可以设置注释文本的位置、方向（度数，逆时针）、字体大小（pt）、颜色和对齐参数。注释可以有一个边框，并且可以在绘制文本之前填充注释框。可以为所有这些条目选择不同的颜色。在 ODV 注释中，可以使用各种格式化控制序列以及自动文本替换功能。

像所有图形对象一样，可以将鼠标光标移动到注释上，按住鼠标左键并移动鼠标来拖动注释。可以将鼠标移到注释上，单击鼠标右键并从弹出菜单中选择"Properties"来编辑注释。要删除注释（所有注释），请从弹出菜单中选择"Delete Object（Delete All Objects）"。

注意：数据绘图窗口的轴标签将自动注释。当绘图窗口被绘制时它们自动创建，并且当相应的数据绘图窗口被删除时它们被删除。不能编辑或删除自动轴标题。要永久更改轴标签，请关闭自动轴标题（参见窗口"属性"对话框的常规页面），通过从画布弹出菜单中选择"Extras>Add Graphics Object>Annotation"手动创建水平方向和垂直方向的注释。

11.2　直线、折线和多边形

通过从地图、数据窗口或画布弹出菜单中选择"Extras＞Add Graphics Object＞Line，…＞Polyline or …＞Polygon"，您可以在地图、数据窗口或画布上添加直线、折线和多边形。在三种情况下，光标都会变成"十"字线，应该继续指定对象的节点。对于线条图形对象，必须定义起点和终点：将"十"字线移动到线的起点并单击鼠标左键，然后移动到终点并再次单击左键。对于折线或多边形图形对象，最多可以定义1 000个节点。注意，ODV会自动闭合多边形。如果要删除节点，请将"十"字线靠近它并单击鼠标右键。通过按"ENTER"键结束多边形或折线点的定义。

一旦指定了直线、折线或多边形的节点，ODV就会显示一个属性对话框，让您定义（多边形）线的颜色、宽度和类型以及多边形的填充颜色（忽略直线和折线，选择"none"作为填充颜色以避免填充多边形）。可以通过选中"Bezier smoothing"复选框来平滑折线和多边形。直线、折线和多边形的起点和/或终点可以有特殊的符号，例如箭头、实心或空心的点和条。您可以选择这些符号，并通过属性对话框指定它们的大小。

11.3　矩形和椭圆形

通过从地图、数据窗口或画布弹出菜单中选择"Extras＞Add Graphics Object＞Rectangle，or …＞Ellipse"，将矩形（正方形）和椭圆形（圆形）添加到地图、数据窗口或画布。出现一个红色缩放矩形，表示新矩形或椭圆形的边界框。可以移动缩放矩形并调整其大小，然后按"ENTER"键接受设置，或者按"ESC"键中止创建对象，随后出现一个对话框，让您定义矩形或椭圆形的属性（有关详细信息，请参见直线和多边形）。

11.4　符号

从地图、数据窗口或画布弹出菜单中选择"Extras＞Add Graphics Object＞Symbol"，可以在地图、数据窗口或画布上添加符号（点、正方形、菱形、三角形、倒三角形、星形、十字形、加号），将出现"十"字光标，您应将其移动到符号应该出现的位置。然后单击鼠标左键，出现符号属性对话框，让您设置各种符号属性。

11.5　符号集和图例

可以通过为所选数据点(符号集)分配一个符号来突出显示数据窗口中的数据点子集或地图中的站点子集(图11-1)。要为数据窗口或地图创建符号集,可将鼠标移到此窗口上,然后选择"Extras>Add Graphics Object>Symbol Set",出现"Symbol Set Selection"对话框,可以选择数据点的子集(在航次列表中选择一个或多个航次、在站点列表中选择站点和/或在样本列表中选择单个样本)。然后单击"<<"按钮将所选数据点添加到"Selected"列表中。选择所有需要的点后,单击"OK"按钮。出现符号集属性对话框,可以定义符号和线条特征。每个符号集可以有相应的描述性文字(图例),可以自动添加到相应窗口的图例中(选中"Add to legends"复选框)。与其他图形对象不同,符号集不能被拖动,因为它们与选定数据点相关联。可以将鼠标移动到任何一个符号上,单击鼠标右键并选择"Properties",更改所有符号集属性。

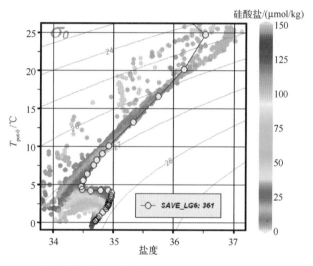

图 11-1　使用符号集和图例突出显示特定站点数据的散点图示例

如果数据窗口或地图包含符号集,并且打开"Add to legends"选项,则会自动出现一个图例框,其中包含该窗口所有符号集的符号和图例文本。可以将图例集拖至不同位置,可以通过将鼠标移至图例集上,单击鼠标右键并选择属性,随时修改其属性(通过更改图例文本的字体大小修改图例框的大小)。

11.6　来自文件的图形对象

ODV 支持从 .cdt 文件导入测深、海岸线或地形轮廓,从 .gob 文件导入图形对象以及从 ESRI .shp shape 文件导入地理特征。通过从地图、数据窗口或画布弹出菜单中选择"Extras>Add Graphics Object from File>[type]",将这些文件中的图形对象添加到地图、数据窗口或画布。

ODV 当前支持以下类型：①图形对象文件（＊.gob）；②CDT 文件（＊.cdt）和③Shape 文件（＊.shp）。在所有情况下都会出现一个文件打开对话框，选择一个文件从中加载图形对象，.cdt 和 .shp 文件只能添加到地图中。

当打开 shape 文件时，用户会被告知文件中对象的种类和数量。然后，ODV 允许指定图形属性，例如颜色、线型或宽度。这些属性应用于 shape 文件中的所有对象，但可以稍后使用"Manage Graphic Objects"选项进行更改（请参见下文）。

如果 shape 文件有附带的 .prj 投影文件，ODV 将使用投影信息并在必要时将地理坐标转换为 WGS 84 坐系。如果缺少 .prj 投影文件，则 ODV 假定所有地理坐标均为 WGS 84，且在-180°—360°和-90°—90°范围内。ODV 目前支持 shapefile 点、多点、线、多线、多边形和多多边形。对于多边形，只绘制外环。注意，绘制非常大的 shape 文件可能会很慢。

[译者注：shapefile，简称 SHP 文件，是美国环境系统研究公司（ESRI）开发的一种空间数据开放格式，该格式已经成为地理信息软件界的一个开放标准。]

11.7 管理图形对象

可以通过鼠标右键单击相应区域并选择"Manage Graphics Objects"或"Extras > Manage Graphics Objects"来获得画布、地图或任何数据窗口的所有图形对象的完整列表。

出现"Window 1 Graphics Objects"对话框（图 11-2），让您选择单个对象、子对象组或整个对象列表。如果选择了一个或多个对象，则可以通过按"Delete"键删除所有选定对象，或者可以通过单击"Export"按钮将所有选定对象导出到 .gob 或 .shp 文件中，以供后续重新使用。如果只选择了一个对象，则还可以复制对象（按"Copy"）或更改对象的属性（按"Edit"）。也可以更改绘图顺序，将对象移到前景（Foreground or Up）或背景（Background or Down）。

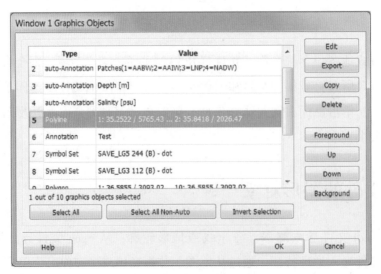

图 11-2 图形对象对话

　　如果要将多个对象导出到 shapefile 中，注意，ODV 将为所选数据集中的每个对象类型创建单独的文件。对于除第一个以外的所有创建的 SHP 文件，ODV 将自动添加描述对象类型的文件名字符串（例如_points，_polygons 或_lines）。注意，如果至少有一个导出的对象是符号集，则所有符号和符号集都会写入具有多点几何图形的 shape 文件。如果至少有一个导出的对象是多边形，则所有的直线和多边形都将被作为多边形写入 shapefile。

　　当前实现 shapefile 导出有一些限制：①CDT 文件对象和注释不能导出到 shapefile；②未写入投影信息文件 . prj（所有的地理坐标被假定为 WGS 84）；③除符号集外，未写入任何属性文件 . dbf（对于符号集，图例字符串被写入属性名称）；④所有对象都被写入第一层也是唯一的一层，不支持多层。

12 使用数据集

12.1 复制、打包、重命名和删除数据集

可以使用"Collection>Copy"创建当前打开数据集的副本，使用"Collection>Move/Rename"重命名(并可能移动)当前打开的数据集，使用"Collection>Delete"删除当前打开的数据集。如果要删除旧的 ODV 通用数据集视图和数据集的断面文件，可能需要手动操作。

使用"Collection>Package"选项将数据集打包到压缩文件中。这对制作数据集的备份副本或与朋友共享数据集时很有用。打包保持源数据集不变。

12.2 排序和压缩

如果一个数据集中的站点是根据航次排序的，则 ODV 的站点搜索和选择算法工作效率最高。因此，建议在导入、替换、合并或删除大量站点后对数据集进行排序和压缩。可以通过选择"Collection>Sort and Condense"来调用排序和压缩过程。

12.3 删除站点

通过从 ODV 主菜单中选择"Collection>Delete Station Subset"，可以从数据集中删除当前选定的站点。仅删除当前站点，请选择"Collection>Delete Current Station"。注意，在对数据进行排序和压缩之前，数据集磁盘文件中删除站点的数据空间不会被释放。

12.4 更改数据集属性

重要提示：请使用"Collection>Package"选项制作当前数据集的备份副本，然后再应用本节中描述的任何操作。

使用"Collection>Properties>Convert to ODVCF6"选项，将 ODVGENERIC 和 ODVCF 5 数据集转换为新的 ODVCF 6 数据集格式。

使用"Collection>Properties"选项修改打开的 ODVCF 6 数据集的属性。有三个子选项：General、Meta Variables 和 Data Varibles。使用"General"选项，可以定义数据范围(GeneralField、

Ocean、Atmosphere、Land、IceSheet、SeaIce、Sediment）、数据类型（GeneralType、Profiles、Trajectories、TimeSeries）以及用于对数据排序的主变量。目前未使用数据范围和类型条目。但是，未来的 ODV 版本可能会根据数据范围提供不同的派生变量集，或者根据数据类型应用不同的默认绘图样式。

"Meta Variables"和"Data Variables"选项允许修改元数据和数据变量集。这包括添加新变量、删除现有变量、重新排序变量或更改变量的属性，如数据类型、字节长度以及用于变量质量标志的质量标志方案。注意，前 12 个元变量是强制性的，不能删除或重新排序。

一些修改，例如数据集的数据范围、数据类型或变量的标签、单位和小数位数的变化都是简单的更改，可以通过数据集的设置或在变量文件中记录新条目来处理。添加或删除变量、更改数据集的主变量或更改变量的数据类型或质量标志方案是关键更改，需要完全重写数据集的元数据和数据文件。

注意：如果发生数据集重写，即使原始数据集是 ODVCF 5 或 ODVGENERIC 格式，新数据集将始终使用新的 ODVCF 6 数据集格式。新的 ODVCF 6 数据集格式需要 ODV 4.6.0 或更高版本的支持。

12.5 关键变量关联

许多派生变量需要识别计算派生变量所需的输入变量。关键变量的识别是在派生变量第一次定义时完成的，所选变量将记录在数据集的设置文件中。如果以后再次请求派生变量，则使用存储的关键变量信息，并且不再提示用户。

可以使用"Collection>Identify Key Variables"来检查和修改当前的关键变量关联。将出现"Identify Key Variables"对话框（见图 12-1），左边显示关键变量列表，右边显示数据变量。关联条目标有星号（＊）。可以点击任何列表中的这些条目，ODV 将在另一个列表中显示关联条目。可以通过按"Undo"来取消关联，按下"Undo All"将取消所有关联，并将所有关键变量保留为未定义状态。通过选择两个列表中的相关条目并按下"Associate"来建立关联。关键变量列表中未包含在数据变量列表中的条目，通过单击"Not Available"按钮被标记为不可用。这些条目在关键变量列表中用减号（－）标记。

重要提示：关键变量关联中的错误会导致受其影响的派生变量的错误和无意义的值。例如，假设关键变量"Practical Salinity"（psu）错误地与数据变量"Oxygen（μmol/kg）"相关联，将导致所有需要"Practical Salinity"作为输入变量的派生变量（例如位温、位密等）使用氧气值而不是盐度值，并返回错误值。只要收到可疑的派生变量值，第一步就是使用"Collection>Identify Key Variables"选项验证关键变量关联的有效性。

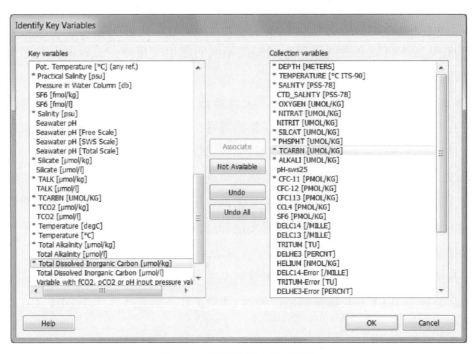

图 12-1　识别关键变量对话框

12.6　良好覆盖率标准

一些 ODV 操作（例如插值到标准深度或计算各种派生变量）需要有足够的可用输入数据。例如，计算动力高度需要完整的温度和盐度剖面数据，而且数据点之间的差距不应太大。使用"Collection>Good Coverage Criteria"，您可以指定必须满足的标准，以考虑给定变量的数据是否足够。这些标准适用于特定操作所需的所有变量。如果一个或多个所需变量未通过测试，则不执行相应的操作。

注意：可允许数据间隙规格是两个项的最小值，一个取决于主变量值 Z（剖面数据集合的深度或压力），另一个是常数项。如果要允许较大的数据间隙，请确保在两行的第一个字段中输入较大的值。

12.7　浏览数据集信息

数据集信息

每个数据集都可以对数据集中的数据进行自由文本描述。此信息存储在数据集的信息文件中。可以通过选择"Collection>Browse Info File"来查看或编辑当前打开的数据集的信息文件。

航次清单

可以通过选择"Collection>Browse Inventory"查看当前打开数据集的航次清单。每个航次都提供以下信息：

航次 ID、站点数量、样本数量、站点 ID、经度和纬度范围、时间段以及每个基本变量的数据可用性指标。数据可用性指标为一位数，例如 9 表示包含特定变量数据的样本超过 90%。每五个变量以"."分隔，每十个变量以"|"分隔。"~"表示在此航次中没有给定变量的数据。

数据集日志文件

所有修改数据集内容的操作(创建、数据导入、站点删除等)都记录在数据集的日志文件中。元数据或数据的编辑记录在站点的历史记录(ODVCF 6)文件或数据集的日志文件(ODVCF 5 和 ODVGENERIC)中。可以将鼠标放在当前站点窗口的站点 ID 标题上查看站点的历史记录。可以使用"Collection>Browse Log File"查看数据集的日志文件。

12.8　变量的属性

可以通过鼠标右键单击当前站点或当前样本列表窗口并选择"Properties"选项来修改元数据和数据变量的属性。从变量列表中选择要修改的变量，然后单击"Edit"按钮。在所选变量的属性对话框中，可以编辑变量标签、单位和注释的字符串，也可以修改当前站点或样本窗口中显示值的位数。

12.9　编辑数据

可以编辑当前站点的元数据和数据值以及相关的质量标志，并将修改后的值保存在磁盘上的数据集数据文件中。

站点元数据

要修改当前站点的元数据，用鼠标右键单击当前站点列表窗口，然后选择"Edit > Metadata"，出现编辑站点元数据对话框(见图 12-2)，显示当前站点的元数据。可以通过双击相应的值字段来编辑单个条目。要修改特定的质量标志，可以通过单击其字段，再单击"Change Quality Flag"按钮并选择新的质量标志。

在"Edit Station Metadata"对话框中单击"OK"按钮，将新的元数据写入数据集文件。按"Cancel"放弃修改，并保持当前站点的元数据不变。如果单击"OK"按钮并且编辑的变量的值类型为"INDEXED_ TEXT"，则可以选择仅修改当前实例或前一个字符串的所有匹配项。选择"Modify all instances"是一种方便的方法，只需进行一次编辑操作即可纠正文本中的错误，或全局修改打开数据集中航次标签等条目。

注意：编辑操作记录在站点的历史记录文件(ODVCF 6)或数据集的日志文件(ODVCF 5 和

ODVGENERIC）中。可以将鼠标放在当前站点窗口的站点 ID 标题上查看站点的历史记录。可以使用"Collection>Browse Log File"查看数据集的日志文件。

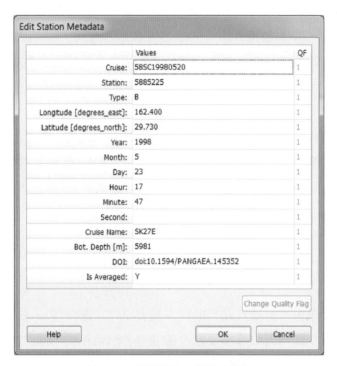

图 12-2　编辑站点元数据对话框

站点数据

要修改当前站点给定变量的数据，用鼠标右键单击当前样本列表窗口中的特定变量，然后选择"Edit Data"，出现"Edit Data"对话框（见图 12-3），显示当前站点所有样本变量的数据值和质量标志。可以更改当前样本（初始选择）或用户定义样本子集的数据值和质量标志。单击鼠标左键的同时按住标准扩展选择键"Ctrl"+"Shift"，可以在数据列表中定义一个样本子集。单击"Select All"选择全部样本，或单击"Invert Selection"反转当前选择。

如果选择了单个数据项，可以通过单击"Change Value"按钮并输入新的数值来更改其值。如果在数据列表中选择了多个样本，"Change Value"按钮不可用。单击"Delete Value(s)"按钮将删除所有选定样本的数据值。应该非常小心地使用此按钮，因为原始数据值将永久丢失。

警告：通过"Change Value"选项编辑主变量的值（例如深度、压力、时间等）是危险的，并且会产生意想不到的副作用。具体而言，主变量值的变化可能会影响当前站点内的样本顺序，并且正在编辑的样本可能会在剖面（或时间序列）中向上或向下移动，导致样本 ID 在编辑后发生变化。如果发生这种情况，编辑后的"当前样本窗口"将不再显示已编辑样本，而是显示重新排序后占据已编辑样本位置的样本。

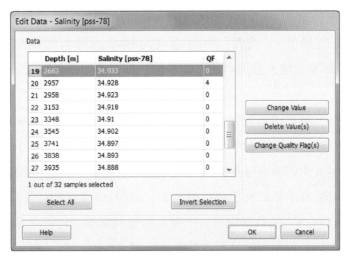

图 12-3　编辑数据对话框(给定变量的所有样本值)

只有在绝对必要时才能编辑和删除样本值。通常，应该保持实际数据值不变，修改所选样本的数据质量标志，可通过单击"Change Quality Flag(s)"按钮并从可用标志列表中选择一个新的质量标志完成。单击"OK"按钮将更改保存到磁盘，单击"Cancel"按钮将中止编辑并将站点数据以其原始形式保存。

注意，可以使用质量标志值来过滤数据。另请注意，编辑操作记录在站点的历史记录文件(ODVCF 6)或数据集的日志文件(ODVCF 5 和 ODVGENERIC)中。可以将鼠标放在当前站点窗口的站点 ID 标题上查看站点的历史记录。可以使用"Collection>Browse Log File"查看数据集的日志文件。

要修改当前站点给定样本的数据，请鼠标右键单击当前样本列表窗口，然后选择"Edit Sample Data"，出现"Edit Sample Data"对话框(图 12-4)，显示当前样本所有数据变量的数据值和质量标志。通过单击特定变量，然后单击"Change Value""Delete Value"或"Change Quality Flag"按钮，可以更改特定变量的数据值或质量标志。

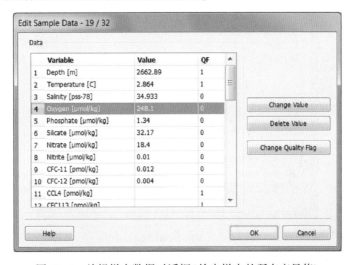

图 12-4　编辑样本数据对话框(给定样本的所有变量值)

可以通过右键单击样本列表窗口并选择"Delete Current Sample"选项来删除当前样本(包括所有数据变量的所有数据值)。或者，可以通过右键单击样本列表窗口并选择"Add New Sample"选项来添加新样本。输入新样本的主变量值，然后单击"OK"按钮。

质量标志值

除了上述方法之外，可以通过鼠标右键单击"Current Sample"窗口中的变量并使用"Assign Quality Flags"子菜单中的一个选项来修改给定变量数据的质量标记值：①当前样本；②当前站点的所有样本；③窗口 n 中的所有样本；④有效站点的所有样本；⑤数据集中的所有样本。

应用质量标志更改的样本集取决于选择的选项，范围从当前样本(选项①)到数据集中所有站点(选项⑤)。选项③可为当前数据窗口 n 中显示变量的数据指定一个新的质量标志，而选项④和⑤将新的质量标志值应用于当前显示在地图所有站点(有效站点)的所有样本或数据集中所有站点的所有样本。选项③~⑤可能修改非常大的样本集，并且需要在做出任何更改之前由用户确认。

选择其中一个子菜单选项后，ODV 将显示"Assign Quality Flags"对话框(图 12-5)。在此对话框中，可以选择要分配的新质量标志值，并指定是否应该将此标志分配给所有样本，而不管其当前值如何，或者仅用于等于(或不等于)特定质量标志值的样本。注意，此操作记录在站点的历史记录文件(ODVCF 6)或数据集的日志文件(ODVCF 5 和 ODVGENERIC)中。可以将鼠标放在当前站点窗口的站点 ID 标题上查看站点的历史记录。使用"Export>Station History"选项将当前显示在地图上的所有站点的历史记录导出到文本文件。使用"Collection>Browse Log File"选项查看数据集的日志文件。

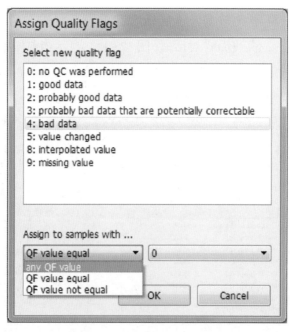

图 12-5　分配质量标志对话框

12.10 密码保护

使用"Collection>Properties>Change Password"选项，可以对 ODVCF 6 数据集进行密码保护。在"Change Collection Password"对话框中输入当前密码(如果数据集目前没有密码保护，则保留为空)，然后输入新密码两次。要删除当前受保护数据集的密码保护，请输入旧密码并将新密码和新密码(重复)保留为空。

打开受密码保护的数据集时，ODV 会提示用户输入密码。如果提供的密码不正确，则拒绝访问。确保将数据集密码保存在安全的地方。密码丢失会导致数据集无法访问。

13 使用 NetCDF 文件

NetCDF 是一套软件库和自描述的、与机器无关的数据格式，支持面向数组的科学数据的创建、访问和共享。NetCDF 广泛应用于气候研究和其他地球科学领域。许多重要的数据集和模式输出文件都以 NetCDF 格式分发。

NetCDF 文件具有以下属性：

- 自描述的。NetCDF 文件包含自身数据的描述信息。

- 体系结构独立性。NetCDF 文件以不同的方式存储整数、字符和浮点数，可被计算机访问。

- 直接访问。可以有效地访问大型数据集的一个小子集，而无须先读取所有前面的数据。

- 可追加性。可以将数据沿着一个维度添加到 NetCDF 数据集中，而无须复制数据集或重新定义其结构。NetCDF 数据集的结构可以更改，但这有时会导致数据集被复制。

- 共享性。一个写入者和多个读取者可以同时访问同一个 NetCDF 文件。

NetCDF 数据模型非常通用，NetCDF 文件的结构和内容可能有很大差异。为了方便和推动 NetCDF 数据集的交换和共享，已经定义了一些约定。其中两个约定（CF 和 COARDS，详细规定见 http：//www. unidata. ucar. edu/packages/netcdf/conventions. html）被气候研究人员和建模者广泛使用，许多数据集可以作为符合 CF/COARDS 的 NetCDF 文件。这样数据集的例子可以从 http：//www. cdc. noaa. gov/PublicData/、http：//www. ferd. wrc. noaa. gov/、http：//ingrid. ldeo. columbia. edu/或 http：//www. epic. noaa. gov/epic/ewb/下载。有关 NetCDF 的更多信息，请参阅 NetCDF 网页 http：//www. unidata. ucar. edu/packages/Netcdf/。

13. 1   NetCDF 支持

ODV 可以打开各种 NetCDF 文件，包括但不限于符合 CF/COARDS 的文件。这些文件可能位于本地文件系统或远程 OPeNDAP 服务器上。一旦 NetCDF 文件被成功打开，ODV 就会将文件中的数据呈现给用户，就像数据存储在 ODV 数据集中一样。ODV 将生成可点击的站点地图，并支持与数据集相关的大多数类型的图形输出。需要写入权限的选项不可用，并呈灰色显示。ODV 将 NetCDF 文件视为只读文件，并且永远不会修改这些文件。注意，NetCDF 文件是独立于平台的，同一文件可以在所有支持的平台上使用。

NetCDF 文件中给定变量 S 的数据存储为单维或多维数组。空间和时间变量的维度包括三个空间坐标 X、Y 和 Z 以及时间坐标 T。按照惯例，将这些维度排序为 $S(T, Z, Y, X)$，例如，X 是变化最快的维度，T 是变化最慢的维度。对于地球科学数据，X 和 Y 代表经度和纬度，而 Z 是垂直坐标，如海洋中的深度或压力、大气中的高度、沉积物或冰芯深度。NetCDF 文件可能包含多个 X、Y、Z、T 坐标系。例如，模式输出 NetCDF 文件包含在模式网格中心定义的数据（例如示踪剂浓度）以及网格界面上定义的速度数据。ODV 一次只能处理一个 X、Y、Z、T 坐标系，并且在 NetCDF 设置期间必须选择相应的维度（见下文）。

打开 NetCDF 文件时，ODV 用户面临的主要挑战是正确识别空间和时间维度，检测具有多个坐标系的情况并选择适当的主变量。例如，选择 Z 作为主变量，将使 NetCDF 文件变成垂直剖面数据库，每个位置点 (X, Y) 都有 n_T 个站点。在这种情况下，站点的总数是 $n_T \cdot n_Y \cdot n_X$，其中 n_K 是维度 K 的长度。或者，如果选择 T 作为主变量，则 NetCDF 文件中的数据被解释为时间序列。在这种情况下，每个位置点 (X, Y, Z) 将有一个站点（时间序列），站点的总数为 $n_Z \cdot n_Y \cdot n_X$。

为了提供最高级别的用户控制，当 NetCDF 文件首次打开时，ODV 提供了一个 NetCDF 设置向导。这个四页对话框中的各种控件按照自动确定的设置进行初始化，在许多情况下，用户只需要通过在"Finish"上按下"Next"来确认设置。这些设置由 ODV 记录，当文件再次打开时，设置向导不会再出现。

可以强制 ODV 按下列方式显示设置向导：①打开 NetCDF 文件（例如，通过"File>Open"选项）和再次打开同一个 NetCDF 文件（例如，通过"File>Recent Files"选项）；②文件打开时使用"Collection>Properties>NetCDF Setup"。

通过将文件拖放到 ODV 图标或窗口上或通过选择"File>Open"并在标准文件选择对话框中选择文件，可以在本地文件系统上打开一个 NetCDF 文件（扩展名必须为 .nc 或 .cdf）。NetCDF 文件打开后，还可以使用"File>Recent Files"选项访问该文件。另外，可以从命令行启动 ODV 并将 NetCDF 文件名称指定为命令行参数。

通过使用"File > Open Remote"选项，并输入 NetCDF 文件的 URL（例如 http://motherlode. ucar. edu：8080/thredds/dodsC/testdods/coads_climatology），可以打开远程"OPeNDAP"服务器上的 NetCDF 文件。NetCDF 格式的公共气候数据资源的 URL 可以在互联网上找到，例如 http：//www. esrl. noaa. gov/psd/thredds/catalog。

ODV 打开 NetCDF 文件并检索其中包含的维度和变量的信息。ODV 还将检索所有全局属性和变量的所有属性，并将这些信息以类似于 ncdump-h<file>生成的格式写入 ASC Ⅱ 文件。可以通过单击设置向导第一页上的"View NetCDF Header"按钮或随时使用"Collection>Browse Info File"选项来查看该文件。

13.2　NetCDF 设置

一旦分析完 NetCDF 文件之后，ODV 就会提供一个四页的向导来收集必要的信息。

选择 NetCDF 维度

在设置向导的第一页上（图 13-1），ODV 显示文件中包含的维度列表。初始状态下所有维度都被选中，如果 X、Y、Z、T 坐标系统不止一个，则只选择其中一个系统。对于给定的维度选择，在这些维度上定义的一组 NetCDF 变量显示在相应的 NetCDF 变量列表中。NetCDF 文件中依赖维度（NetCDF 维度列表中未选中的）的变量不会显示为相应的 NetCDF 变量。除非选择相应的维度，否则这些变量将不可用。

使用扩展选择技术（按住 Ctrl 或 Shift 键同时单击鼠标左键），选择所有应该使用的维度。如果为通用维度 X（经度）、Y（纬度）、Z（深度/高度）和 T（时间）提供了多个坐标，请确保为每个维度只选择一个坐标。

要查看 NetCDF 文件的头文件信息（类似于 ncdump-h 调用），请单击"View NetCDF Header"按钮。如果不熟悉文件的结构和内容，则应始终执行此操作。

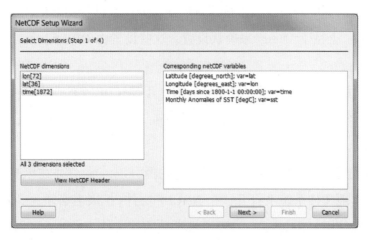

图 13-1　NetCDF 设置向导（第 1 步，共 4 步）

指定元数据信息

在设置向导的第二页上（见图 13-2），必须识别提供元数据的 NetCDF 变量，例如经度、纬度以及数据的日期和时间。在很多情况下，ODV 可以自动识别和关联相应的变量。这种自动关联的元变量标有星号"＊"。

在某些情况下，需要修改自动设置并手动建立 NetCDF 文件中的变量（NetCDF 变量列表）和 ODV 元变量（元变量列表）之间的关联。

要在 NetCDF 变量和元变量之间建立（一对一）关联，请在"NetCDF variables"列表中选择 NetCDF 变量，然后在"Meta variables"列表中选择元变量，再单击"Associale"。要在 NetCDF 和

ODV元变量之间建立转换（NetCDF时间变量通常需要），需选择上述两个变量，然后单击"Convert"。从复选框中选择一个可用的转换选项，然后单击"OK"。对于"常规线性变换"，请提供比例因子和偏移量。

许多NetCDF文件使用自特定开始日期起以天或小时表示的相对时间。可以利用此信息获取日期和时间元变量信息。为此，请选择"NetCDF variables"列表中的相对时间和"Meta variables"列表中的年份，然后单击"Convert"，ODV将尝试自动建立转换。如果不成功，ODV允许手动选择适当的转换算法。注意，ODV假定参考日期基于公历。ODV日期值是公历日期。

可以通过在"Meta variables"列表中选择元变量并单击"Set Default"来修改元变量（例如航次等）的默认值。

注意，元变量Cruise、Station和Type由ODV自动设置，无须手动建立。如果NetCDF文件不包含日期和时间信息，则Year、Month、Day、Hour、Minute和Second元变量可能保持不被关联。但是，必须始终关联经度和纬度元变量，然后才能进入向导的下一页。

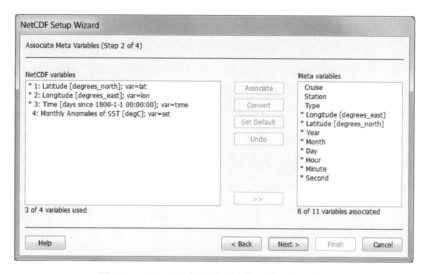

图13-2　NetCDF设置向导（第2步，共4步）

选择主变量

在设置向导的第三页上（图13-3）选择主变量。该变量在ODV数据集中扮演主变量的角色，并确定数据是被解释为垂直剖面还是时间序列。例如，如果使用深度或其他垂直维度作为主变量，那么站点将表示垂直剖面；如果使用时间变量，站点将表示时间序列。如果在向导的第2页定义年份元变量，则启用"Use decimal date/time（header）"条目，并且可以使用由站点头文件派生的小数时间变量（units = YEARS）作为主变量（注意：对于时间序列，日期/时间元信息指的是时间序列的开始，并且是一个常数值）。

NetCDF文件经常包含水平网格上的数据值（例如，通过海气界面的通量或给定深度层的浓度），而不提供指定层的精确值的变量（例如，深度 = 0 m或深度 = 1 000 m）。在这种情况下，应该选择"Use dummy variable"条目。

子集维度

在处理大型 NetCDF 数据集时，可以方便地将数据访问限制在感兴趣的域、深度或时间范围。在默认情况下，ODV 调整经度和纬度维度的增量值（步幅），以使站点总数不超过 30 万。

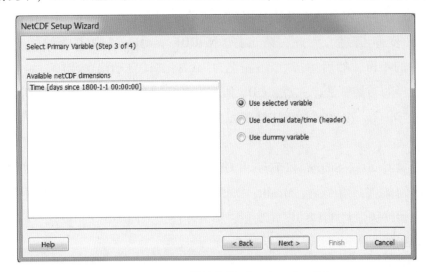

图 13-3 NetCDF 设置向导（第 3 步，共 4 步）

可以手动对任何坐标变量进行子集划分，或通过放大地图缩小域（图 13-4）。若要对特定维度进行子集划分，请在"NetCDF dimensions"列表中选择相应条目，并单击"Subset Dimension"按钮。ODV 显示相应坐标值的列表，并可为此坐标指定开始索引、增量和结束索引。单击"OK"接受新的索引集。针对想要进行子集划分的所有维度重复此步骤。

要定义感兴趣的子区域，单击"Zoom into Map"按钮，然后调整红色缩放框的大小和/或将其移动到所需的域，再单击"Enter"按钮或双击鼠标左键接受选择。按"ESC"键或单击鼠标右键中止缩放操作。

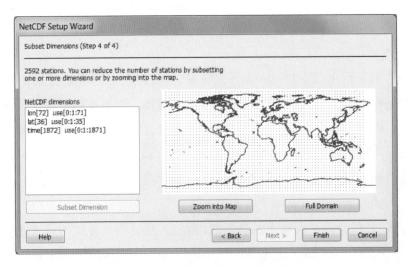

图 13-4 NetCDF 设置向导（第 4 步，共 4 步）

探索 NetCDF 文件

一旦完成了 NetCDF 设置向导的所有四个步骤，ODV 就会绘制一个站点地图，并可像使用本机 ODV 数据集一样浏览 NetCDF 文件中的数据。注意，ODV 将 NetCDF 文件视为只读数据集，从不会对这些文件进行写操作。因此，所有需要数据写入权限的选项都被禁用，这包括所有数据导入选项、元数据和数据编辑选项以及大多数数据集操作选项。

ODV 将 NetCDF 设置存储在视图文件中，并在下次打开 NetCDF 文件时使用这些设置。如果要为已打开的 NetCDF 文件建立新设置，请使用"File>Recent Files"选项再次打开 NetCDF 文件。

远程访问 NetCDF

使用远程 NetCDF 文件时，数据的访问速度取决于因特网连接的带宽以及请求数据的类型。如果主变量的长度很大，则获取单个站点的数据（例如通过单击地图触发）可能需要相当长的时间。例如，如果 NetCDF 文件包含数千个压力或深度值的剖面数据（例如 CTD 数据）或具有数千个记录时间的时间序列数据（例如流速仪数据），则会发生这种情况。在这种情况下，尽量避免点击站点地图，以免触发不需要的数据检索。

使用远程 NetCDF 文件时，加载"ODV SECTION"窗口的数据非常耗时。因此，在这种情况下，用于断面定义和管理的选项被禁用。用户仍然可以查看沿纬向（或经向）断面的分布，方法是在 NetCDF 设置向导第 4 页上对纬度（经度）维度进行子集划分，并仅选择一个值。用户可以随时通过"Collection>Properties>NetCDF Setup"进入设置向导。然后定义派生变量"Metadata Longitude"（"Metadata Latitude"），并建立一个散点图窗口，将派生经度（纬度）变量置于 x 轴，垂直坐标置于 y 轴，变量作为 Z 值显示。

除了数值型数据之外，ODV 4.7.4 及更高版本还从 NetCDF 文件中提取文本变量数据，并在当前样本窗口中显示文本。当前样本窗口中列出了更多变量，变量的名称和顺序与以前的 ODV 版本不同。变量按如下顺序排列：主变量、按字母排序的数值变量列表和按字母排序的文本变量列表。ODV 变量名是 NetCDF 文件中的变量名，单位条目取自"units"属性。每个 ODV 变量都有一个注释字符串，它由 NetCDF 变量的 long_name、comment 和 conventions 属性串联而成。当鼠标悬停在"当前样本窗口"中的变量上时，ODV 显示变量的详细信息，包括注释。

包含"_QC"后缀作为其变量名称一部分的 NetCDF 变量将被自动视为质量标志变量，它们的值被 ODV 用作父变量的质量标志。包含"_STD"或"_ERROR"后缀作为其变量名称一部分的 NetCDF 变量将自动被视为父变量的数据误差变量。

注意：由于 ODV 4.7.4 中引入的变量的数量和顺序的不同，使用 ODV 4.7.3 和之前版本为 NetCDF 文件创建的视图可能无法在 ODV 4.7.4 和更高版本上正确显示。如果遇到此问题，请重新定义等值面变量并在数据窗口的 X、Y 和 Z 轴上重新分配变量。

14　工　具

14.1　地转流

可以使用"Tools>Geostrophic Flows option"来计算和可视化垂直于当前断面的地转流。指定接收结果的输出数据集 .odv 的名称，并通过选择深度层次、等密度面或任何其他等值面来定义参考层。在默认情况下，输出数据集被写入父数据集目录的子目录 GeoVel。如果此子目录尚不存在，则自动创建该子目录。ODV 将开始计算并将配对站点结果和地转速度导出到上面指定的 .odv 数据集中。

一旦完成，应该查看计算的日志文件，然后打开新创建的包含配对站点和地转速度数据的数据集。应该通过缩放来定义合适的地图域，然后按"F11"键切换到"SECTION"布局。定义地转速度(cm/s)、地转速度(北向分量，cm/s)和/或地转速度(东向分量，cm/s)作为一个或多个绘图窗口的 Z 变量。一个给定的配对站点 $A \rightarrow B$：α 的站点标签由原始站点编号 A、B 以及地转流速度的方向 α 组成($\alpha = 0$，流向向东；$\alpha = 90$，流向向北；等)。元变量距离为以千米为单位的两个站点之间的距离。

地转速度来自两个水文站之间的动力高度差异。计算分两步进行：①首先通过分段线性最小二乘法将两个站点的数据映射到一组标准深度；②然后计算两个站点标准深度的动力高度，并根据动力高度差求出标准深度处配对站点的地转速度。ODV 也计算数据集中所有变量的平均值(配对站点平均值)。对于平均值和地转速度，两个站点的中点都是代表性的，ODV 将这些值写入位于配对站点中点的虚拟站点的输出数据集文件 .odv 中。虚拟站点的站点标识包含所涉及的原始站点的站点标识。

注意：在赤道附近或水文观测稀少的站点，不计算地转流速度。由于计算结果对数据误差非常敏感，因此在调用"Tools>Geostrophic Flows"选项之前，必须对断面的温度和盐度数据进行质量控制。一种方法是使用"Edit Data"选项将可疑数据标记为"Questionable"或"Bad"，并采用适当的样本选择标准仅接受"Good"和"Unknown"数据。此外，采用合适的站点选择标准时，应确保计算中仅包括给定调查航次的站点，而不包括穿越该断面的其他航次的站点。用户应排除只覆盖部分水柱的站点，只使用具有完整的、从顶部到底部的剖面的站点数据。

14.2 2D 估计

对于使用加权平均或 DIVA 网格化方法的数据窗口，可以通过从相应的数据窗口弹出菜单中选择"Extras>2D Estimation"选项，在任意用户指定的 X-Y 点执行 Z 值估算。在用户指定的 X-Y 位置估算的 Z 值是通过应用窗口的当前网格化方法获得的，该方法使用了与生成屏幕上显示的窗口网格场一样的参数设置。

对于网格场，用户指定的 X-Y 位置的结果取决于网格平均长度尺度的大小：较大的长度尺度产生平滑的场，而较小的尺度允许在数据中保持小尺度特征。还要注意的是，长度尺度是以当前 X 轴和 Y 轴范围的千分之一为单位的。通过放大或缩小更改轴范围可能会导致平均长度尺度值的变化，这也会影响 2D 估计结果。使用数据图属性对话框调整长度尺度，直到对数据窗口中的分布显示感到满意。然后调用"Extras>2D Estimation"选项。

ODV 将提示用户提供一个文件（下面称为"输入文件"），其中包含需要估计的点的 X-Y 坐标。在调用"2D Estimation"选项之前，必须准备好此文件。它必须是纯 ASCⅡ格式，文件中含有包含适当列标签的可选标题行和每行一个 X-Y 坐标对的无限数量的附加行。在列之间使用空格或 TAB 作为分隔符。注意，在默认情况下，ODV 将在数据集的"misc"子目录中搜索输入文件。将输入文件放在此子目录可以简化选择过程。

对于输入文件中的每个 X-Y 点，ODV 将估计一个 Z 值，并将估计值与相应的 X 和 Y 坐标一起写入输出文件。输出文件被写入与输入文件相同的目录，并且文件名的格式为"<name>_est.<ext>"，这里"<name>.<ext>"是输入文件的名称。输出文件中的每一行包含一个估算点的 X、Y 和 Z 值。Z 值为-1.e10 表示特定的 X-Y 点远离任何数据点，并且不能执行可靠的估计。在窗口域之外的点或超过窗口质量限制的区域（图中的白色区域）的 Z 值被设置为-1.e10。

注意，除了 X 和 Y 之外，输入文件还可能包含额外的列。原始的 X、Y 值以及额外列中的内容将被复制到输出文件中，然后将估计的 Z 值添加到每行中。为某些变量 A 包括一个额外的列将有助于绘制 A 与估计的 Z 值之间的关系和分析变量之间的相关性。如果在输入文件中添加额外的列，请确保 X 和 Y 坐标位于前两列。

14.3 3D 估计

可以通过选择"Tools>3D Estimation"来估计任意地理位置的基本或派生变量的值。ODV 将提示输入一个 ASCⅡ文件，该文件包含要获取 Z 变量估计值的点的经度、纬度和深度值。这个 3D 点定义文件必须在调用"Tools>3D Estimation"选项之前准备好。创建点定义文件时，每行指定一个点，并按顺序提供小数形式的经度、纬度和深度值，并用一个或多个空格分隔各个值。ODV 将允许选择要进行估算的变量，并允许指定用于估算的 X、Y、Z 平均长度尺度。请注意，经度和纬度的长度尺度单位为当前地图范围的千分之一，而深度长度尺度的单位为米。为平均长度尺度选择较大的值将导致平滑的估计。对于 3D 估算，将使用当前地图上显示的所有站点的原始数据点。给定数据点对指定目标位置估计的影响权重与数据点和目标点之间的距离成反比。输出文件中的一行记录了输入文件中指定的每个经度、纬度和深度点的估算结果。每行包含六个数字 x、y、z、v、d、n，其含义如下：x、y、z 为经度、纬度、深度（输入文件中指定的）；v 为估计值；d 为平均数据点 (x, y, z) 位置到估计点的归一化距离（以平均长度尺度为单位）；n 为使用的数据点数。

14.4 箱平均

可以使用 ODV 来计算给定的经度、纬度、深度箱中基本或派生变量的平均值和标准偏差。只考虑地图中当前显示的站点，并且只有请求箱内的站点和数据点才被用于平均值和标准偏差计算。可以在调用"Box Averaging"选项之前指定适当的站点选择标准，以获得不同站点子集、年、月或季节的平均值。要调用箱平均，从主菜单中选择"Tools>Box Averaging"。ODV 提示输入 ASCⅡ箱定义文件，其中包含要生成输出的箱的几何信息。ODV 随后显示基本和派生变量的列表，并允许用户为平均过程选择一个或多个变量。箱定义文件必须在调用"Box Averaging"选项之前准备好。

箱定义文件的格式如下所示：

- 纯 ASCⅡ，每行一个箱定义，由（一个或多个）空格分隔的 6 个数字组成；
- 数字的含义（见图 14-1）：lon、lat、dep（箱中心），Δ_{lon}、Δ_{lat}、Δ_{dep}（箱尺寸）。经度和纬度以小数形式的度表示，深度以米为单位。

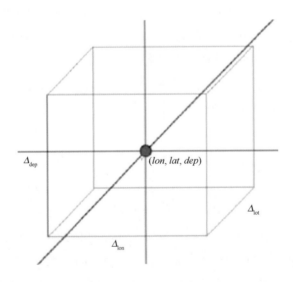

图 14-1 箱平均数字的含义

一旦指定了一个箱定义文件，ODV 将开始工作。注意，在平均时，ODV 将检查数据离群值，并仅使用平均值的 3 个标准偏差内的数据。输出将被写入箱定义文件的目录。输出文件名由箱定义文件名、处理的变量的标签和扩展名 .est 组成。

.est 输出文件的格式如下所示：

- 纯 ASC Ⅱ，箱定义文件中的每行输出一行，由"TABS"分隔的 10 个值组成；
- 值的含义：

lon、lat、dep（与箱定义文件中的相同）；

$\overline{lon}$、$\overline{lat}$、$\overline{dep}$、$\overline{val}$ 是所用数据的平均经度、纬度、深度和变量值；σ 是变量值的标准偏差；n_u 是所用数据点的数量，n_r 是被拒绝的数据点数。如果数据点的值与平均值 $\overline{val}$ 相差 3 个标准差以上，则该数据点将被拒绝。注意，平均值 $\overline{val}$ 的误差可以按以下方式计算：

$$\sigma_m = \frac{\sigma}{\sqrt{n_u}}$$

如果在一个箱内找不到数据点，则将 $\overline{val}$ 设置为 -1. e10；如果只找到一个数据点，将 σ 设置为 1. e10。

另外，用于给定箱的所有单个数据值都将导出到名称形式为#<box-number>_<var-name>.dat 的 ASC Ⅱ 文件中，其中<box-number>表示相应的箱编号（例如箱定义文件中的行号），<var-name>表示计算平均值的变量名称。在 .dat 文件中，值的含义如下：样本 ID、经度、纬度、深度、小数形式的年、一年中的第几天、值、权重和使用/拒绝标志。注意，.dat 文件被后续的箱平均请求覆盖。如果所请求的平均值总数超过 5 000，则不会写入 .dat 文件。

14.5　查找离群值

通过选择"Tools>Find Outliers(Range Cheek)"，可以扫描当前选定的站点，以查找数据值在用户指定值范围内或范围外的样本。从变量列表中选择要扫描的变量，并在"Range"下输入范围值。在"Action"下选择是要查找指定范围内的值还是指定范围外的值。单击"OK"开始扫描。ODV 将报告找到的离群值的数量，并可查看离群值列表。ODV 还允许检查和修改离群样本的数据值和/或质量标志。

如果勾选"Inspect and Edit Outliers"，则 ODV 将访问所有识别的离群值，并允许删除相应的值或修改与该值关联的质量标志。如果单击"Apply to All"，则 ODV 将所选操作应用于所有离群值；否则会提示用户对每个单独的离群值执行操作。注意，当前编辑的离群值已在数据图中标记。

14.6　查找重复站点

通过选择"Tools>Find Duplicate Stations"，可以扫描当前有效站点集（地图中显示的站点），查找位置和时间相同或几乎相同的站点(重复站点)。检测到的重复站点的有关信息被写入文件。指定被认为是重复的两个站点在时间和地理位置上允许的最大差异，单击"OK"，然后选择用以接收重复站点搜索结果输出的文件。

ODV 将执行重复站点搜索，并将有关检测到的重复站点的信息写入所选输出文件。为每个站点提供以下信息：①站点 ID；②航次标签；③站点标签；④站点类型；⑤日期和时间；⑥经度；⑦纬度；⑧样本数量；⑨最深的样本；⑩基本变量 2 到 nVar 的可用性指标(例如，7 表示 70%~79%的样本包含给定变量的数据)。

ODV 将报告发现的站点组和重复站点的数量。用户可以通过点击相应的选项，来"查看重复站点列表"和"检查和编辑重复站点"。如果选择编辑重复的站点，则会为每个重复的站点组显示"Duplicate Station Action"对话框(图 14-2)。用户可以删除该组中除一个站点以外的所有站点，或者将该组中的所有站点的数据合并到该组的第一个站点中。注意，这些操作会更改数据集文件的内容，并且无法撤销。

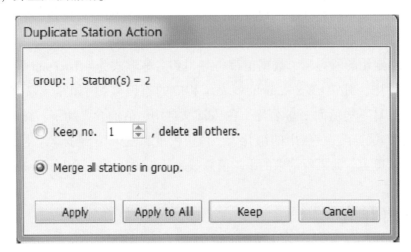

图 14-2　重复站点操作对话框

如果要将指定的操作应用于所有剩余的重复站点组，请单击"Apply to All"。如果想保持一个组不变，单击"Keep"；要中止重复站点的编辑，单击"Cancel"。

注意：重复站点扫描的计算负载与站点数的平方成正比，可能需要几个小时才能搜索数百万个站点的大型数据集。在这种情况下，地图域应该被分为多个子区域(通过缩放或手动设置地图域)，并且应该对每个子域分别执行扫描。

14.7　海洋计算器

ODV 允许通过调用"Tools>Ocean Calculator"选项计算和绘制 40 多个常用的物理和化学海洋学变量。在"Ocean Calculator"对话框中(见图 14-3)，首先在"Variables"列表中选择要计算的变量，然后在"Input values"下输入输入值，最后单击"Evaluate"按钮"Result"字段的指定输入处接收变量值。

用户可以通过指定"start：increment：end"三元组作为输入值集，用以计算一个或多个输入变量。例如，指定温度输入值为-2：1：35，将使用介于-2℃至35℃之间的每一度重复计算所选变量。如果指定了多个输入，ODV 将复制所有输入变量值和计算结果到剪贴板，以便于使用选择的其他软件进行进一步处理或绘图。

图 14-3　海洋计算器工具对话框

如果一个或两个输入变量具有多个输入值，ODV 会自动产生一维曲线或二维等值线图，如图 14-4 和图 14-5 所示。用户可以通过单击"Settings"按钮来更改计算器设置。在计算器设置对话框中(见图 14-6)，可以指定水柱的垂直坐标[压力(dbar)或深度(m)]、默认盐度输入变量[实用盐度(psu)或绝对盐度(g/kg)]、一组平衡常数、用于计算海水中碳参数的碳数据输入对和 pH 值标度(输入和输出)。ODV 会记住用户设置以及海洋计算器调用之间的最后输入值。海洋计算器打开时，可以继续使用 ODV。

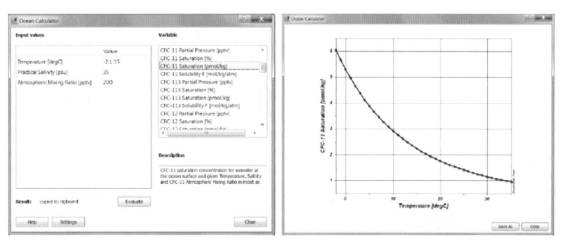

图 14-4　一个输入变量具有多个输入值的曲线图

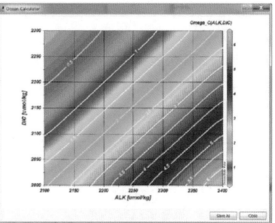

图 14-5　两个具有多个输入值的输入变量的等值线图

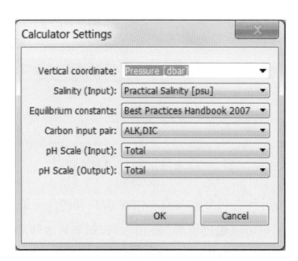

图 14-6　计算器设置对话框

　　注意：许多函数本身需要绝对盐度作为输入值。当选择实用盐度作为输入变量时，ODV 会自动将输入的实用盐度值转换为绝对盐度，然后用转换后的绝对盐度值调用本地函数。从实用盐度到绝对盐度的转换取决于地理位置。因此，除了实用盐度场外，还需提供经纬度输入场。无论盐度输入设置如何，一些功能仅适用于一种类型的盐度输入。如果需要绝对盐度作为输入，但只有实用盐度数据可用，请在第一步中使用绝对盐度 $S_A(\text{g/kg})$ 函数将实用盐度转换为绝对盐度。或者，如果需要输入实用盐度，但只有绝对盐度数据可用，则使用函数将绝对盐度转化为实用盐度。

15 杂 记

15.1 拖放

在大多数受支持的平台上，用户可以将 ODV 支持的文件拖放到 ODV 窗口或图标上。根据所拖放文件的扩展名，ODV 将执行以下操作。

- odv 或 .var：关闭当前数据集或 NetCDF 文件，并打开拖放的数据集。
- nc 或 .cdf：关闭当前数据集或 NetCDF 文件，并打开拖放的 NetCDF 文件。
- txt（ODV 电子表格文件）：将数据导入到当前打开的数据集中，或者如果没有打开的数据集，则创建一个与 .txt 文件同名的新数据集，并将数据导入到新创建的数据集中。

ODV 支持的文件名也可以用作命令行参数。通过输入：odv4［文件名（扩展名）］从任何终端窗口启动 ODV。注意，对于文件名，可以使用绝对路径名或相对于启动 ODV 的目录的路径名。如果使用相对路径名，则不允许使用"."和".."。可以使用命令行参数实现下列功能：

（1）启动 ODV 并打开现有数据集：使用数据集名称作为文件名。如果省略了扩展名，则使用默认的 .odv。

（2）创建一个新的数据集并导入数据：使用要导入的数据文件的名称（必须是 ODV 的导入类型之一，例如 .o4x，.txt）作为文件名。在这种情况下，必须提供扩展名。ODV 将在导入文件的目录中创建一个新的数据集，并将从该文件导入数据。数据变量是根据数据文件中的信息确定的。

15.2 ODV 命令文件

用户可以在 ODV 命令文件中存储常用操作的命令，例如打开数据集，加载特定视图文件以及创建图形或数据输出文件。可以使用"File Execute Command File"选项或使用"-x cmd_file"命令行选项随时执行 ODV 命令文件（批处理模式）。ODV 命令文件的默认扩展名是 .cmd。默认位置是用户文档目录中的目录"ODV/cmd_files"。如果目录"cmd_files"不存在，则创建它，将命令文件放在这个目录下。

ODV 命令文件当前支持以下命令：应在 ODV 命令文件中出现的所有文件名中使用斜杠"/"作为路径分隔符，以确保平台独立性。一旦使用"set_base_directory"命令定义了基目录，则所有后续的相对文件名被认为是相对于基目录的。如果没有定义基目录并且已打开数据集或

NetCDF 文件，则相对文件名被视为相对于数据集或 NetCDF 目录。除了在"set_var"命令中，多个参数必须用","分隔，"="用作变量名和值之间的分隔符。某些命令中使用的窗口索引参数"iw"可以具有以下值：图形画布为−1，地图为 0，数据窗口为正整数值。ODV 命令文件中的行长度不得超过 255 个字符。注释字符"#"右侧的所有内容都被视为注释，并不被执行。

create_annotation   *iw*，*x*，*y*，*orientation*，*textAlign*，*"text"*

在位置点 *x*，*y*（窗口 *iw* 的坐标）为窗口创建文本注释"text"，文本方向为沿 *x* 轴正向逆时针测量的角度。"*textAlign*"确定文本相对于点(*x*，*y*)的对齐方式：0 表示"左右居中，垂直居中"，1 表示"左右居中，顶端对齐"，2 表示"左右居中，底端对齐"，3 表示"右对齐，顶端对齐"，4 表示"右对齐，底端对齐"，5 表示"左对齐，顶端对齐"，6 表示"左对齐，底端对齐"，7 表示"右对齐，垂直居中"，8 表示"左对齐，垂直居中"。注意，"*iw*"和"*textAlpgn*"为整型数据，*x*，*y* 和"*orientation*"为浮点型数据。注意，注释文本必须用""字符括起来。

示例：create_annotation −1，10.，8.，30.，0，"some text"。

create_collection   *collection*，*collection_type*

创建数据集："collection"采用数据变量数据集类型模板集，"collection_type"可能是以下之一：ARGOPROFILES，ARGOTRAJECTORIES，GTSPP，MEDATLASBOTTLE，MEDATLASCTD，MEDATLASTIMESERIES，MEDATLASPROFILES，MEDATLASSEDIMENTTRAP，WORLDOCEAN-DATABASE。

注意：如果数据集已经存在，则在创建新版本之前删除现有版本。

示例：create_collection c：/data/ARGO_Atlantic. odv，ARGOPROFILES。

delete_collection   *collection*

删除当前打开的数据集"collection"。数据集参数必须与前面的"打开数据集"调用中使用的参数相同。

示例：delete_collection c：/data/ARGO_Atlantic. odv。

export_data   *data_file*

使用通用 ODV 电子表格格式将当前站点集的数据导出到文件 data_file。

示例：export_data c：/output/odv_data. txt。

export_graphics   *iw*，*graphics_file*，*dpi*

将窗口"iw"的图形保存在文件 graphics_file 中，采用的分辨率单位为 dpi（每英寸点数）。对 PostScript、gif、png 或 jpeg 输出分别使用 graphics_file 扩展名 . eps、. gif、. png 或 . jpg。虽然 dpi 参数不用于 PostScript 输出，但仍必须提供。

示例：export_graphics −1，c：/output/odv_graph. eps，300。

import_data   *file_spec*，*import_type*

使用导入路径从所有满足 file_spec 的文件中导入数据。"*import_type*"可能是以下之一：AR-

GOPROFILES，ARGOTRAJECTORIES，GTSPP，MEDATLASPROFILES，MEDATLASTIMESERIES，MEDATLASSEDIMENTTRAP，WORLDOCEANDATABASE。"file_spec"可以是单个导入文件的路径名或通配符文件规范，也可以是包含要导入文件的路径名的".lst"列表文件的路径名。"file_spec"必须是绝对路径名或相对于先前"*set_base_directory*"命令中指定的基目录的相对路径名。".lst"列表文件中的条目必须是绝对路径名。

示例：import_data c：/data/ * . nc，ARGOPROFILES

load_view *view_file*

加载视图文件"view_file"。"View_file"可以是".xview"或".cfg"文件。"load_view"相当于"load_cfg"，它仍然支持向后兼容。

示例：load_view c：/cfg_files/abc. xview

open_collection *collection* [，*view_file*]

打开数据集"collection"并加载视图"view_file"。"view_file"参数是可选的。注意，受密码保护的数据集无法在 ODV 命令文件中打开和使用。

示例：open_collection c：/ewoce/WoceBtl. odv

open_data_file *data_file*

使用"data_file"中的变量集创建并打开一个数据集，并将数据从"data_file"导入到新创建的数据集中。data_file 必须与通用 ODV 电子表格格式兼容，并且必须具有扩展名".txt"。新的数据集是在数据文件的目录中创建的，其名称是数据文件的基本名称。注意，任何具有此名称和路径的现有数据集被删除时不用询问用户许可。

示例：open_data_file c：/ewoce/WoceData. txt

quit

终止并退出 ODV。

示例：quit

save_view *view_file*

将当前视图保存到文件"view_file"。"view_file"必须具有扩展名".xview"。

示例：save_view c：/cfg_files/abc. xview。

set_annotation_style *ptSize*，*textColor*，*bckgrdColor*，*frameColor*，*frameWidth*

设置随后由"create_annotation"命令创建的注释文本的样式。"ptSize"是字号大小，单位为"磅"，"textColor"是文本的颜色，"bckgrdColor"是文本框的背景色，"frameColor"是文本框的边框颜色，"framewidth"是文本框的边框宽度。所有颜色都指定为当前调色板中的索引值。指定"bckgrdColor"和/或"frameColor"为"-1"，则不绘制文本框背景或边框。注意"Set_annotation_style"中的所有参数都是整数。默认值为 16，0，-1，-1，0，生成的注释文本样式：字号为 16 磅，文本颜色为黑色，无背景色和边框。

示例：set_annotation_style 24，8，7，0，1

set_axis_range　　　*iw*，*axis*，*v0*，*v1*

设定窗口"*iw*"的轴(x，y 或 z)的范围：v_0(左/下)和 v_1(右/上)，此功能不适用于图形画布窗口和地图窗口。如果未提供 v_0 和 v_1，则全轴范围应能容纳窗口中所有使用的数据。

示例：set_axis_range 1，x，34，37

set_axis_range 1，y，，

set_base_directory　　　*base_directory*

定义一个基目录。所有后续的文件名被假定为绝对路径名或相对于"base_directory"的名称。

示例：set_base_directory c：/ ewoce / data

set_var　　　*var_name = string*

将变量"var_name"的值设置为字符串。可以在随后的命令行上以"%VAR_NAME%"形式使用该变量。

示例：set_var　　　OUTDIR = c：/ tmp

export_data　　　%OUTDIR%/ A15_OXYGEN. txt

下面是一个 ODV 命令文件示例：它打开一个数据集，加载一个视图，添加一个注释，分别导出整个画布的图形文件和数据窗口"1"的图形文件，将当前选定站点的数据导出到 ODV 电子表格文件，最后关闭 ODV。

set_var	OUTDIR = c：/ tmp
set_base_directory	c：/ data / eWOCE / data / whp / bottle
set_annotation_style	18，0，7，0，1
open_collection	WoceBtl. var
load_view	atlanticsections / A15_OXYGEN. xview
create_annotation	1，-13. 18，65. 83，0，6，"Test"
export_graphics	-1，%OUTDIR%/ A15_OXYGEN. png，100
export_graphics	1，%OUTDIR%/ A15_OXYGEN_1. png，200
export_data	%OUTDIR%/ A15_OXYGEN. txt
quit	

15.3　调色板

ODV 风格的调色板定义了 177 种颜色(见图 15-1)。0~15：基本颜色；16~31：灰度；32~144：用于填色的主调色板；145~160：用于地图水深和大陆的颜色；161~176：用于地图陆地地形的颜色。

图 15-1 ODV 默认的调色板

用户可以为地图或任何数据窗口选择不同的调色板，方法是在窗口上单击鼠标右键，选择"Properties"选项，然后在"General"页面上的调色板组合框中选择一个可用的调色板文件。ODV 将使用新的调色板重新绘制地图或数据窗口。

可以通过 ODV 二进制文件目录中的"PalEdt. exe"程序在窗口中创建新的调色板或修改现有的调色板。通过选择"Tools>Palette Editor"，可以从 ODV 调用"PalEdt. exe"。

15.4 动画

ODV 允许用户生成地图或任意数据窗口的动画 GIF 文件，方法是在相应的窗口上单击鼠标右键，选择"Extra>Animation"和"Metadata Time""Metadata Time of Year""Variable Range"或"Isosurface"等子选项其中的一个。然后按照下面的说明操作。

元数据时间

指定开始日期 t_0，区间步长 t_{Step}（以天为单位），区间宽度 t_{Width}（以天为单位），要生成的帧数 n 以及区间类型。然后，ODV 将构造 n 个时间区间，并使用相应的开始和结束日期作为"Date/Time >Period"站点选择标准。

根据所选的区间类型，区间 $i(i = 0, \cdots, n-1)$ 的开始和结束时间定义如表 15-1 所示。

表 15-1 区间 i 的开始和结束时间

区间类型	区间 i 的开始时间	区间 i 的结束时间
宽度为 0	$t_0+i \cdot t_{Step}$	$t_0+i \cdot t_{Step}$
固定宽度	$t_0+i \cdot t_{Step}$	$t_0+i \cdot t_{Step}+t_{Width}$
固定开始时间	t_0	$t_0+(i+1) \cdot t_{Step}$
固定结束时间	$t_0+i \cdot t_{Step}$	$t_0+n \cdot t_{Step}$

对于每个这样的时间区间，地图将被重新构建，仅包括元数据日期在相应时间窗口中的那些站点。如果动画是针对数据窗口的，此数据窗口也将使用仅来自当前所选站点集的数据重新绘制。然后，当前地图或数据窗口将被添加到动画文件中。

元数据季节

指定起始月份和日期 t_0，区间步长 t_{Step}（以天为单位），区间宽度 t_{Width}（以天为单位），要生成的帧数 n 以及区间类型。然后，ODV 将构建 n 个时间区间，并使用相应的开始和结束日期作为" Date/Time > Season"站点选择标准。根据所选的区间类型，区间 $i(i = 0,\cdots,n-1)$ 的开始和结束日期的定义如表 15-1 所示。

对于每个这样的时间区间，地图将被重新绘制，仅包括元数据月和日在相应时间窗口中的那些站点。注意，如果数据集包含多年的站点，则可以使用一年以上的数据。如果动画是针对数据窗口的，则该数据窗口也将使用仅来自当前选择的站点集的数据重新绘制。然后，当前地图或数据窗口将被添加到动画文件中。

变量范围

该选项仅适用于非等值面数据窗口。选择一个有效的变量并指定一个起始值 v_0，区间步长 v_{Step}，区间宽度 v_{With}，要产生的帧数 n 和区间类型。ODV 然后将为有效变量构造 n 个区间，并使用相应的开始和结束值作为"Sample Selection Criteria>Range"，用于所选变量的选择标准。

根据所选的区间类型，区间 $i(i = 0,\cdots,n-1)$ 的开始和结束值定义如表 15-2 所示。

表 15-2　区间 i 的开始和结束值

区间类型	区间 i 的开始值	区间 i 的结束值
宽度为 0	$v_0+v\cdot t_{Step}$	$v_0+i\cdot v_{Step}$
固定宽度	$v_0+i\cdot t_{Step}$	$v_0+i\cdot v_{Step}+v_{Width}$
固定开始值	v_c	$v_0+(i+1)\cdot v_{Step}$
固定结束值	$v_0+i\cdot v_{Step}$	$v_0+n\cdot v_{Step}$

对于每个这样的区间，数据窗口将被重新绘制，仅包括来自相应变量值区间的数据。然后，当前数据窗口快照将被添加到动画文件中。

等值面

该选项仅适用于等值面数据窗口。选择起始值 s_0，区间步长 ds 和要生成的帧数 n。然后 ODV 将构造 n 个等值面值，并将为每个这样的值重新构建数据窗口。然后，当前数据窗口快照将被添加到动画文件中。

对于所有动画，ODV 将绘制一个指示当前动画区间的动画条。动画条位于相应窗口的下方。

15.5　海底地形地名词典

ODV 可用于识别诸如海山、海脊、断裂带、海沟、海盆等海底地形。要调用地名词典选项，请从地图弹出菜单中选择"Extra>Gazetteer"。随后显示地名词典对话框，它允许用户选择特定数据库，指定特征选择标准以及由 ODV 绘制的地名标记的大小和颜色。当按下"Switch

On"按钮（或"Update"按钮，如果已修改了地名词典设置）时，将加载选定地名词典数据库的信息，并在地图中标记地形的位置。将鼠标移到地形附近会调用一个弹出窗口，显示该地形的名称。要关闭地名词典标记，请再次调用地名词典对话框并单击"Close"按钮。

ODV 发布时提供了许多地名词典文件。其中包括：①来自国际海道测量局（IHB）的 GazetteerGEBCO. gzt；②来自美国国防测绘局的 GazetteerBGN. gzt；③WHP_Sections. gzt，这是 WOCE 水文测量计划所涵盖断面的汇编。用户可以在地名词典对话框上指定地形类型和/或地形名称字符串子集来选择地形子集。注意，名称和类型选择不区分大小写。如果知道地形名称（或名称的一部分）并想确定其位置，请使用地名词典地形选择功能（注意，可能必须将地图打开到全球范围才能看到地形标记）。地名词典设置不保存在配置文件中。无论何时打开一个数据集，地名词典选项最初都是关闭的。

地名词典文件可以进行编辑和扩展。用户也可以创建自己的新地名词典数据库。为了在 ODV 中使用私有地名词典，该文件必须有扩展名 .gzt，它必须位于 ODV 地名词典目录（<home>\odv_local\gazetteers，其中<home>代表主目录），其格式必须符合以下规范：

该文件的第一行必须以%GZT01 开始：其后是文件名。

紧接的 7 行以%开头，包含任意注释。

下一行必须是：地形名称；类型；数量；东经；北纬；后面必须有一个空行。

文件的其余部分包含实际的条目定义。每个地形都列在单独的一行。

地形名称、类型、经纬度点（表示地形的位置）的数量和经度/纬度条目用";"分隔。经度以向东的度数（0°—360°）或-180°—180°指定。经度/纬度点的数量可以达到 1 500 个，并且一行的长度最多可以达到 20 万个字符。

16 附 录

16.1 鼠标和键盘操作

表 16-1 ODV 就绪状态下的鼠标操作

操作	对象	响应
单击鼠标左键	地图 数据窗口	选择最近的站点作为当前站点 选择最近的样本作为当前样本和父站点作为当前站点
Shift+单击鼠标左键	地图 数据窗口	选择最近的站点作为当前站点。允许从同一位置的多个站点列表中进行选择 选择最近的样本作为当前样本。允许从同一位置的多个样本列表中进行选择
双击鼠标左键	地图	将最近的站点添加到选择列表中，并将该站点的数据添加到站点数据窗口
拖拽鼠标左键	图形对象 画布、地图、数据窗口	拖动图形对象(如果对象允许拖动) 拖动画布(如果存在滚动条)
Ctrl+拖拽鼠标左键[①]	地图 数据窗口	快速缩放到地图中 快速缩放到数据窗口
单击鼠标右键[②]	画布、地图、数据窗口、图形对象、数据列表窗口	调用特定元素的上下文菜单(右键菜单)
Shift+单击鼠标右键[③]	地图、数据窗口	调用地图或数据窗口的附加菜单

①在 Mac OS 系统上按住"cmd"键并单击拖动鼠标。

②在使用单键鼠标的 Mac OS 系统上，按住"Alt"键同时单击鼠标模拟鼠标右键单击。

③在使用单键鼠标的 Mac OS 系统上，按住"Alt"和"Shift"键同时单击鼠标以模拟"Shift+"鼠标右键单击。

表 16-2 常见的键盘操作

键	响应
Enter 或 Return	将当前站点添加到选择列表中，并将该站点的数据添加到站点数据窗口(如果有)。在窗口布局模式下，接受当前布局并返回到正常模式
Del 或 Backspace	删除鼠标指向的图形对象，或者，如果不在图形对象上，则从选取列表中删除当前站点，并从站点数据窗口(如果有)中删除该站点的数据。在窗口布局模式下，删除包含鼠标的窗口
#	允许通过内部序号选择新的当前站点
→	选择下一个站点作为当前站点
←	选择上一个站点作为当前站点
HOME	选择第一个样本作为当前样本
↓	选择下一个样本作为当前样本

续表

键	响应
↑	选择上一个样本作为当前样本
END	选择最后一个样本作为当前样本
PgDn	下移(前移)当前样本
PgUp	上移(后移)当前样本
同时按下"Ctrl"和"?"键①(Mac 系统) F1②(其他系统)	显示 ODV 帮助文档
F4②	显示包含鼠标的窗口的数据统计
F5②	重绘整个画布或包含鼠标的窗口
F8②	切换到全屏地图布局
F9②	切换到六个站点窗口布局
F10②	切换到两个散点窗口布局
F11②	切换到三个断面窗口布局
F12②	切换到一个平面窗口布局
同时按下"Ctrl"和"+"键或"Ctrl+鼠标滚轮上滑"①	在鼠标位置放大
同时按下"Ctrl"和"−"键或"Ctrl+鼠标滚轮下滑"①	在鼠标位置缩小
Ctrl+A①	向包含鼠标的窗口添加注释
Ctrl+C①	将包含鼠标窗口的数据或网格场复制到剪贴板,或者,如果鼠标位于图形对象上,则创建该对象的副本
Ctrl+F①	调整包含鼠标的窗口(或所有数据窗口)的 X、Y、Z 轴范围到全范围
Ctrl+N①	创建一个新的 ODV 数据集
Ctrl+O①	打开 ODV 数据集、NetCDF 文件或支持的 ASCⅡ 数据文件
Ctrl+R①	移动或调整包含鼠标的窗口(仅限窗口布局模式)
Ctrl+S①	将包含鼠标的窗口(或整个画布)保存为图像文件(gif、png、jpg 或 PostScript)
Ctrl+W 或 Ctrl+F4①	关闭当前数据集或 NetCDF 文件
Ctrl+Y	恢复上次撤销的视图更改
Ctrl+Z	取消上次视图更改
Alt+D	允许定义派生变量
Alt+P	允许包含鼠标的窗口或图形对象的属性更改
Alt+S	允许更改站点选择标准
Alt+W	允许更改窗口布局
Alt+Z	取消所有更改
Shift+E	编辑元数据或样本数据
Shift+L	从文件加载视图设置
Shif+−S	允许更改样本选择标准(范围和质量过滤器)
Ctrl+,1)(仅限 Mac)	打开常规设置对话框
ESC	中止当前操作(如果操作支持)。在窗口布局模式下,取消所有布局更改并返回到正常模式
Ctrl+Q①)(Mac 系统)Alt−F4(其他系统)	退出 ODV

①在 Mac OS 系统上,当按下另一个键时同时按住"cmd"键。

②在 Mac OS 系统上,按下功能键时同时按住"Fn"键,如果用户在 Mac OS 系统首选项的键盘选项卡中,勾选"使用所有 F1、F2 等键作为标准功能键"选项,则 f_n 键不是必须的。

表 16-3　在缩放或 Z 缩放模式下的鼠标和按键动作

操作	对象	响应
鼠标左键拖拽	缩放矩形的边界和顶点	调整缩放矩形的大小
鼠标左键双击或单击"ENTER"	任何地方	接受当前设置并中止缩放
鼠标右键单击①或单击"ESC"	任何地方	放弃更改并放弃缩放

①在使用单键鼠标的 Mac OS 系统上，单击鼠标时按住"Alt"键模拟鼠标右键单击。

表 16-4　拾取点模式下的鼠标和按键动作

操作	对象	响应
鼠标左键单击	画布、地图、数据窗口	将当前点添加到列表
鼠标右键单击①	画布、地图、数据窗口	从列表中移除最近的点
ENTER	任何地方	接受当前设置并中止点拾取
ESC	任何地方	放弃点拾取

①在使用单键鼠标的 Mac OS 系统上，单击鼠标时按住"Alt"键模拟鼠标右键单击。

16.2　质量标志方案

ODV 支持海洋界目前使用的大多数质量标志方案。这些方案中的任何一个都可用于对给定元数据或数据变量进行质量标志编码。请参阅表 16-5 和文件 ODV4_QualityFlagSets. pdf 以了解支持的方案汇总、质量标志代码列表及其含义以及方案之间的代码映射。

表 16-5　ODV 支持的质量标志方案

方案 ID	说明
ARGO	ARGO 质量代码。 参考：Argo 数据管理，用户手册，版本 2.1，http：//www. usgodae. org/argo/argo-dm-user-manual. pdf
BODC	BODC 质量代码。 参考：http：//www. bodc. ac. uk/data/codes_and_formats/reestest_format /
ESEAS	欧洲海平面服务质量代码。 参考：http：//www. eseas. org/eseas-ri/deliv- erables / d1. 2 / ESEAS_QC_29032005. doc
GTSPP	GTSPP 质量代码。 参考：http：//www. meds-sdmm. dfo-mpo. gc. ca/meds/Data- bases / OCEAN / GTSPPcodes_e. htm
IODE	IODE 数据质量标志。 参考：http：//www. iode. org/index. php? op- tion = com_oe&task = viewDocumentRecord&docID = 10762
OCEANSITES	OceanSITES 质量标志。 参考：http：//www. oceansites. org/docs/oceans- ites_user_manual_version1. 2. doc
ODV	ODV 通用质量标志。参考：ODV 用户指南，http：//odv. awi. de/en/documentation /
QARTOD	Qartod 质量标志。 参考：http：//dmac. ocean. us/dacsc/docs/apr2005_post_mtg/QARTODI_II. ppt

续表

方案 ID	说明
PANGEA	PANGEA 通用质量标志。 参考：http：//wiki. pangaea. de/wiki/Quality_flag
SEADATANET	SeaDataNet 质量代码。 参考：http：//seadatanet. maris2. nl/v_bodc_vo- cab / browse_export. asp? l = L201&order = entrykey&all = yes
SMHI	瑞典气象和水文研究所质量代码
WOCEBOTTLE	WOCE 采水瓶数值质量代码。 参考：http：//cchdo. ucsd. edu/WHP_Exchange_Description. pdf
WOCECTD	WOCE CTD 数值质量代码。 参考：http：//cchdo. ucsd. edu/WHP_Exchange_Description. pdf
WOCESAMPLE	WOCE WHP 采水瓶本身的质量标志。 参考：http：//cchdo. ucsd. edu/WHP_Exchange_Description. pdf
WOD	世界海洋数据库单个观测水平质量代码。 参考：ftp：//ftp. nodc. noaa. gov/pub/WOD05/DOC/wod05_tutorial. pdf
WODSTATION	世界海洋数据库全站质量标志。 参考：ftp：//ftp. nodc. noaa. gov/pub/WOD05/DOC/wod05_tutorial. pdf

注：有关不同方案之间的质量标志值和值映射的完整列表，请参见文件 ODV4_QualityFlagSets. pdf。

16.3　ODV 通用电子表格格式

ODV 通用电子表格格式是数据生产者和数据使用者之间交换数据的推荐格式。通用电子表格格式允许自动将数据导入 ODV 数据集，而不需要任何用户交互。ODV 在从数据集中导出数据时也使用通用电子表格格式，并且在编辑和修改文件中的数据后，可以很容易将导出的数据重新导入到相同或不同的数据集中。通过"Export>ODV Spreadsheet"选项将打开数据集中的数据导出到通用电子表格文件中。

ODV 通用电子表格文件使用 ASCⅡ编码，首选文件扩展名为 . txt。站点元数据和数据在单独的列中提供，其中元数据和数据列可以按任意顺序排列。每个元数据和数据列可以有一个可选的质量标志列。质量标志列可以出现在它所属的元数据或数据列之后的任何地方。质量标志值可以在任何一个支持的质量标志方案中（见表 16-5）。文件中的列总数是无限的。文件中的所有非注释行（请参见下文）必须具有相同的列数。各个列由"TAB"或";"分隔。

通常，ODV 电子表格文件保存来自许多航次的许多站点的数据。文件中的行数以及各行的长度都是无限的。ODV 通用电子表格文件中有三种类型的行：①注释行；②列标签行；③数据行。

16.3.1　注释行

注释行以两个斜杠（//）作为行的前两个字符，可以包含任意格式的任意文本。原则上，注释行可能出现在文件中的任何位置，但最常见的是，它们位于文件的开头，包含数据描述、创建者的信息或文件中包含的变量的定义。注释行是可选的。

　　注释行可用于携带可能被 ODV 或其他软件利用的结构化信息。例如 SeaDataNet 项目使用的"// SDN_parameter_mapping"块，其中包含对官方参数字典中变量定义的引用，或者由 ODV 定义的"//<attribute_name>"行，其中包含给定属性名称的值。表 16-6 中汇总了当前定义的属性名称。除"</ History>"之外的所有结构化注释行必须出现在文件顶部列标签行和第一个数据行之前。"//<History>"注释行包含给定站点的历史信息。它们出现在所属站点的最后一个数据行之后，下一站点的第一个数据行之前。

　　"//<MetaVariable>"和"//<DataVariable>"注释行包含文件中元数据和数据变量的规范。这些行是可选的。如果存在，可以为以下标记提供值：label，value_type，qf_schema，significant_digits 和 comment。"//<MetaVariable>"注释行也可能包含"var_type"标记；"//<DataVariable>"注释行也可能包含"is_primary_variable"标记。除标签外的所有标记都是可选的。标记值必须用双引号括起来。"lable"值必须与文件中某列标签的名称和单位相匹配，"value_type"必须是 BYTE、SIGNED _ BYTE、SHORT、UNSIGNED _ SHORT、INTEGER、UNSIGNED _ INTEGER、FLOAT、DOUBLE、TEXT：nn（nn 字节长度）或 INDEXED_TEXT 之一，"qf_schema"必须是 ARGO、BODC、ESEAS、GTSPP、IODE、OCEANSITES、ODV、QARTOD、PANGEA、SEADATANET、SMHI、WOCEBOTTLE、WOCECTD、WOCESAMPLE、WOD 或 WODSTATION 中的一个。如果"var_type"标记存在于"//<MetaVariable>"注释行，则其值必须是 METRANCE、METALYTITUDE、METATYPE、METALONGITUDE、METALATITUDE、METADAY、METAMONUTE、METAMONTH、METAHOUR、METAYEAR、METASECOND、METABOTDEPTH、METALOCALCDIID、METAEDMOCODE、METASENSORDEPTH、METADURATION、METAEXTRACRUISEINFO、METAORIGCRUISE、METAORIGSTATION、METAINVESTIGATOR、METAGTSPPDATATYPE、METACOMMENTSLINK、METACRUISEREPORTLINK、METAREFERENCE、METASDNINSTRUMENTINFO 中的一个。对于主要数据变量，"is_primary_variable"被设置为"T"，所有其他变量被设置为"F"。"//<MetaVariable>和 //<DataVariable>"注释行示例在表 16-6 中给出。通过"Export>Station Date>ODV SpreadSheet file"生成的所有 ODV 电子表格文件都包含关于所有元数据和数据变量的注释行。

表 16-6　ODV 支持的注释行属性名称汇总

属性名称	可能的值
文件信息	
Creator	指定文件创建者的自由文本。 示例：//<Creator>rschlitz @ GSYSP168</ Creator>
CreateTime	以 ISO 8601 扩展格式表示的文件创建时间。 示例：//<CreateTime>2008-05-16T09：53：45.2</ CreateTime>

续表

属性名称	可能的值
Encoding	文件中使用的编码。 有效的条目包括：UTF-8，ISO-8859-1，latin1，windows-1258，MacRoman，Macintosh。 示例：//<Encoding>UTF-8</Encoding>
MissingValueIndicators	文件中缺失值指示符的列表。多个条目用空格分隔。 示例：//<MissingValueIndicators>-9 -99.9 -9999</ MissingValueIndicators>
Software	用于创建文件的软件。 示例：//<Software>Ocean Data View-Version 4.7.7</Software>
Source	源数据集的绝对路径。 示例：//<Source>C：/eWOCE/data/whp/bottle/WoceBtl</Source>
SourceLastModified	以 ISO 8601 扩展格式表示的源数据集的上次修改时间。 示例：//<SourceLastModified>2003-11-11T19：53：45.2</SourceLastModified>
Version	文件的版本。 示例：//<Version>ODV Spreadsheet V4.6</Version>
数据信息	
DataField	文件中数据场的描述。有效条目有：GeneralField，Ocean，Atmosphere，Land，IceSheet，SeaIce，Sediment。 示例：//<DataField>Ocean</ DataField>
DataType	文件中数据类型的描述。有效的条目有：GeneralType，Profiles，TimeSeries，Trajectories。 示例：//<DataType>Profiles</DataType>
History	给定站的历史记录。历史记录必须放置在站点的最后一个数据行之后。 示例：//<History>2015-10-09T09：28：18 xxx@ yyy IMPORT（ADD）from D：/data/ARK-XXVII-1_cnv_ seabird/d003-01.cnv（last modified：2015-10-08T13：21：45；byte size：524146427 MD5：9c567f786c781d78865ecb589afd2bd8）</History>
元数据和数据变量信息	
MetaVariable	文件中包含的元变量的描述（请参阅上面的详细信息）。 示例：//<MetaVariable>label = "Cruise Report" value_type = "INDEXED_TEXT" qf_schema = "ODV" significant_digits = "0" comment = ""</ MetaVariable>
DataVariable	文件中包含的数据变量的描述（请参阅上面的详细信息）。 示例：//<DataVariable>label = " SALNTY ［pss-78］" value_type = "FLOAT" qf_schema = "ODV" significant_digits = "3" is_primary_variable = "F" com-ment = "Practical salinity from bottle sample"</DataVariable>

16.3.2 列标签行

必须只有一个包含列标签的行，此列标签行必须始终存在，它必须出现在任何数据行之前，并且必须是文件中的第一个非注释行。

ODV 通用电子表格文件必须为所有强制性元变量提供列（见表3-3），并且必须使用下列标签作为列标签：Cruise（航次），Station（站点），Type（类型），date/time（支持的日期/时间格式之一），Longitude（degrees_east）［经度（向东计算）］，Latitude（degrees_north）［纬度（向北计算）］，Bot. Depth（m）［采样深度（米）］。经度和纬度值必须以小数形式提供。推荐的日期/时间格式是 ISO8601，它在一个列中将日期和时间组合为 yyyy-mm-ddThh:mm:ss. sss。

作为一种替代方法，经度和纬度值也可以以度、分和秒（秒是可选的）的形式提供，只要所有的值被一个或多个空格分开，并且出现在一个列中。支持的格式包括：32 18 23. 1 N，32 18. 756 N，32° 18′ 23. 1″ N。注意，使用"°"字符可能会导致非拉丁文文件编码的问题，指定经度和纬度为度、分、秒格式时，必须使用纬度［度 分］，经度［度 分］作为标题。标签 Lon（°E）和 Lat（°N）表示小数形式的经度和纬度，已被弃用，但仍然支持向后兼容性。

注意：以下描述的元数据和数据列标签限定符已被弃用。相反，请使用"//<MetaVariable>"和"//<DataVariable>"注释行指定元数据和数据变量属性（见上文）。

元数据列标签

元数据标签可能具有下列形式的限定符

METAVAR：<valueType>：<valueBytes>以指定该列代表的元变量的给定值类型和字节长度。

值类型可能是下面之一：BYTE，SIGNED_BYTE，SHORT，UNSIGNED_SHORT，INTEGER，UNSIGNED_INTEGER，FLOAT，DOUBLE，TEXT，或 INDEXED_TEXT。"valueBytes"表示每个值的字节数，只需要为类型是"TEXT"的值指定。"valueBytes"的值表示要存储在文本字段中的最大字符数（默认长度：21 字节）。注意，其中一个字符用于字符串终止，而不能用于实际的元数据文本。例如，21 字节的文本字段最多可以存储 20 个字符的元数据文本。INDEXED_TEXT 变量可以存储任意长度的字符串。如果字符串很长、长度可变或者多次使用同一字符串，则应使用此类型。

示例：

Longitude［degrees_east］：METAVAR：DOUBLE

Citation：METAVAR：TEXT：81

URL：METAVAR：INDEXED_TEXT

注意：限定符仅在电子表格文件用作数据集创建的模板时使用，例如，将文件拖放到 ODV 中，通过"File>Open"打开文件或通过"File>New"创建新数据集时选择该文件为模板。如果将文件导入到现有的数据集中，它们是无效的。

数据列标签

数据变量标签应包括括号"［ ］"中的单位规格，如深度［m］。没有单位的变量不应该包含"［ ］"单位部分（例如物种数量）。

数据变量标签可能具有下列形式的限定符：

:PRIMARYVAR：<valueType>：<valueBytes>：<SchemaID>

值类型可能是下面之一：BYTE，SIGNED_BYTE，SHORT，UNSIGNED_SHORT，INTEGER，UNSIGNED_INTEGER，FLOAT，DOUBLE，TEXT，或 INDEXED_TEXT。"valueBytes"表示每个值的字节数，只需要为类型是 TEXT 的值指定或存在"SchemaID"条目时。"valueBytes"的值表示要

存储在文本字段中的最大字符数（默认长度：21字节）。注意，其中一个字符用于字符串终止，而不能用于实际的元数据文本。例如，21字节的TEXT字段最多可以存储20个字符的元数据文本。INDEXED_TEXT变量可以存储任意长度的字符串。如果字符串很长、长度可变或者多次使用同一字符串，则应使用此类型。

"SchemaID"可能是下列之一：ARGO，BODC，ESEAS，GTSPP，IODE，OCEANSITES，ODV，QARTOD，PANGAEA，SEADATANET，SMHI，WOCEBOTTLE，WOCECTD，WOCESAMPLE，WOD，或WODSTATION。如果变量有相关的质量标志列（见下文），则质量标志列的"SchemaID"将优先。

只有一个列标签可具有"：PRIMARYVAR"限定符，以表明该列是主变量。

示例：

Depth［m］：PRIMARYVAR：DOUBLE

Sample Number：SHORT

Salinity［psu］

Phosphate［~＄m~#mol/kg］：FLOAT：4：WOCEBOTTLE

Sediment Type：INDEXED_TEXT：4：SEADATANET

注意：限定符仅在电子表格文件用作数据集创建的模板时使用，例如，将文件拖放到ODV中，通过"File>Open"打开文件或通过"File>New"创建新数据集时选择该文件为模板。如果将文件导入到现有的数据集中，它们是无效的。

数据列可以有相关的质量标志、数据误差和数据信息列。这些辅助列通常紧接在它们所属的数据列之后。

质量标志列标签

质量标志列标签必须符合下列命名约定，以便能够自动识别它们所属的元数据或数据变量，以及所使用的特定质量标志方案。

ODV通用电子表格质量标志标签可以用下列形式之一指定：

- QV<Text>：<SchemaID>：<ParentColumnLabel>
- QV<Text>：<SchemaID>：STATION
- QV<Text>：<SchemaID>：SAMPLE
- QF

"<Text>"是一个任意且可选的字符串，"<SchemaID>"是受支持的质量标志方案标识符之一（见表16-5），"<ParentColumnLabel>"是质量标志列所属的变量的列标签。质量标志标签的"<Text>""<SchemaID>"和"<ParentColumnLabel>"是可选的。如果缺少"<SchemaID>"项，则假定质量标志值是ODV通用质量标志。如果缺少"<ParentColumnLabel>"部分，则假定质量标志属于质量标志列前面的变量。注意，如果出现<Text>项，它不能包含"："字符。还要注意<Text>没有被ODV评估或使用。此项目仅用于为需要此特性的应用程序提供唯一的列标签（例如 QV1、QV2 等）。

<SchemaID> 可能是下列之一：ARGO，BODC，ESEAS，GTSPP，IODE，OCEANSITES，ODV，QARTOD，PANGAEA，SEADATANET，SMHI，WOCEBOTTLE，WOCECTD，WOCESAMPLE，WOD 或 WODSTATION。关于质量标志方案的更多信息见表 16-5。

除了单个数据值的质量标志值外，ODV 还支持描述整个站点整体质量的整个站点质量标志（给定站点的单个标志；例如 WOCE 整个站点标志），以及用来指示采样设备问题的样本质量标志，可能会影响对该样本中进行的所有测量的质量（每个样本有一个标志）。整个站点和样本的质量标志在列标签的"<ParentColumnLabel>"部分用"STATION"或"SAMPLE"表示。

注意：ODV 版本 3 或更早版本不识别质量标志标签的 QV 语法。为了和 ODV3 兼容，必须使用 QF 作为质量标志列标签。在这种情况下，假定质量标志值是 ODV 通用标志，并且它们属于质量标志列前面的变量。

表 16-7　质量标志列标签示例

质量标志列标签	说明
QV 或 QF	左侧最近的数据变量的 ODV 通用质量标志
QV：SEADATANET	左侧最近的数据变量的 SEADATANET 质量标志
QV：ARGO：Nitrate（μmol/kg）	标签为 Nitrate（μmol/kg）的变量的 ARGO 质量标志
QV：ODV：Nitrate（μmol/kg） 或 QV：：Nitrate（μmol/kg）	标签为 Nitrate（μmol/kg）的变量的 ODV 通用质量标志
QV：WOCESAMPLE：SAMPLE	WOCESAMPLE 样本质量标志
QV：WODSTATION：STATION	WODSTATION 整个站点质量标志
QV：：STATION	整个站点的 ODV 通用质量标志

数据误差列标签

每个数据列都可以有一个关联的数据误差列，包含相应数据值的 1-σ 不确定性。数据误差列标签必须符合以下命名约定，以便能够自动识别它们所属的数据变量：

STANDARD_DEV<Text><：：ParentColumnLabel>。

"<Text>"是一个任意且可选的字符串，"<ParentColumnLabel>"是数据误差列所属变量的列标签。"<Text>"和"<ParentColumnLabel>"是可选的。如果"<ParentColumnLabel>"缺失，则假定数据误差属于数据误差列之前的数据变量。注意：如果"<Text>"条目存在，它不能包含"："字符。还要注意到"<Text>"没有被 ODV 评估和使用。此条目仅用于为需要此特征的应用程序提供唯一的列标签（例如 STANDARD_DEV1，STANDARD_DEV2 等）。

表 16-8　数据误差列标签示例

数据误差列标签	说明
STANDARD_DEV	左侧最近的数据变量的数据误差
STANDARD_DEV：：Nitrate（μmol/kg）	标签为 Nitrate（μmol/kg）的变量的数据误差

数据信息列标签

每个数据列可以有一个关联的数据信息列，包含相应数据值的信息文本或信息文件的URLs 地址。数据信息列标签必须符合以下命名约定，以便能够自动识别它们所属的数据变量：

INFOS<Text><：ParentColumnLabel>。

"<Text>"是一个任意且可选的字符串，"<ParentColumnLabel>"是数据信息列所属变量的列标签。"<Text>"和"<ParentColumnLabel>"是可选的。如果"<ParentColumnLabel>"缺失，则假定数据信息属于数据信息列之前的数据变量。注意：如果"<Text>"条目存在，它不能包含"："字符。还要注意到"<Text>"没有被 ODV 评估和使用。此条目仅用于为需要此特征的应用程序提供唯一的列标签(例如 INFOS1，INFOS22 等)。

表 16-9　数据信息列标签

数据信息列标签	说明
INFOS	左侧最近的数据变量的数据信息
INFOS：：Nitrate(μmol/kg)	标签为 Nitrate(μmol/kg)的变量的数据信息

重要提示：列标签不得包含电子表格文件中使用的列分隔字符。

16.3.3　数据行

列标签行后面的所有非注释行都被视为数据行。所有数据行必须具有与列标签行相同的列数。每个数据行包含一个样本的元数据和数据。给定站点的所有样本都必须是连续的顺序，但不必被排序。缺失的值可以由一个空字段、值"-1. e10"或文本标识[比如 na (不可用) 或 NaN(非数字)]表示。如果使用特殊的数值，如-9 或-9999 作为文件中缺失值的指示符，则特殊值必须在表格的属性行中指定，"//<MissingValueIndicators>-9 -9999</MissingValueIndicators>"在文件顶部附近，任何数据行之前。

站点标签被限制为站点元变量的长度(默认为 20 个字符)。使用数字作为站点标签将加强内部排序和选择功能，建议这样做。

站点类型是单个字符串。对于样本少于 250 个的测站(例如采水瓶数据)，应使用 B，对于样本超过 250 个的测站(例如 CTD，XBT 等)，应使用 C。将站点类型指定为"＊"，留待 ODV作出选择。如果采样深度值不可用，则应将此字段留空。

站点元数据必须在给定站点的第一行提供。站点其余行上的元数据字段可能保持为空，以减少文件大小(紧凑电子表格格式)。一个 ODV 通用电子表格文件通常存储来自多个航次的许多站点的数据。下一站点的第一个样本的元数据和数据紧接在前一站点的最后一个样本之后，站点之间没有分隔线。

数值可以有"."或"，"，以表示小数(例如 2,57 或 2. 57 都是有效的条目)。如果条目用双引号括起来，则在处理前会自动删除这些条目。

"TEXT"类型的数据变量使用每个字符一个字节的编码。如果文本值严格限定为 ASCⅡ字符集(代码0-126)，则 ODV 数据集保持平台和国家的独立性。使用非 ASCⅡ字符可在相同的平台和地区(国家)内正常工作，但是，非 ASCⅡ字符可能在不同的平台或国家不能正确显示。为了数据集的平台独立性，应该始终使用 ASCⅡ纯文本。

文本数据变量的每个值可以存储的最大字节数(字节长度)是固定的，并且必须在数据集创建时指定。实际请求的字节长度必须包括一个额外的字节用于文本终止。例如，如果一个文本变量要求能够存储40个字符的文本，则请求的字节长度必须是41。文本变量的字节长度不能小于2，并且是任意的。选择大字节长度(比如5001)可以容纳长文本，但同时也会导致大数据集文件，因为所有单个文本值都占据指定的字节数。如果给定的文本值表示网站的 DOI 或 URL，则 ODV 允许单击该值并在网页浏览器中打开 DOI 或 URL。应该将使用 URLs 或 DOIs 视为直接使用大容量本文的替代方法。

16.4　ODV 电子表格文件支持的日期和时间格式

ODV 支持单列 ISO 8601 日期/时间格式。这是 ODV 导入和导出文件的推荐日期/时间格式。此外，ODV 还支持多种其他日期和时间格式，以便于导入以多种自定义文件格式之一提供的数据，这些格式在科学界普遍使用。这包括许多日期和时间规范，区别在于日、月、年的顺序不同，以及在各个列中包含日、月、年、小时和分钟数据的情况也有所不同。

强烈推荐使用表 16-10 中的列标签(底部、上部或混合情况)，因为这允许 ODV 自动识别日期/时间。ODV 电子表格文件中的默认日期/时间格式为 ISO 8601。

表 16-10　支持的日期格式(列标签可能在上部、底部或混合情况)

列标签	说明
yyyy-mm-dd hh:mm 或 yyyy-mm-dd Thh:mm 或 yyyy-mm-dd Thh:mm: ss. sss	ISO 8601 是推荐的 ODV 日期/时间格式。在一列中合并日期和时间。 示例：2006-02-23 10:23 或 2006-02-23T10:23 表示 2006 年 2 月 23 日 10:23
Time［xxx since yyyy-mm-dd］	日期和时间表示为自指定参考日期以来的小数形式的天或年。 示例：Time［days since 2012-01-01］= 1.5 表示 2012 年 1 月 2 日 12:00
mon/day/yr 或 mm/dd/yyyy	单列中的日期。时间另行提供。 示例：02/23/2006 表示 2006 年 2 月 23 日
dd/mm/yyyy	单列中的日期。时间另行提供。 示例：23/02/2006 表示 2006 年 2 月 23 日
yyyy/mm/dd	单列中的日期。时间另行提供。 示例：2006/02/23 表示 2006 年 2 月 23 日

续表

列标签	说明
mmddyyyy	单列中的日期。时间另行提供。 示例：02232006 表示 2006 年 2 月 23 日
ddmmyyyy	单列中的日期。时间另行提供。 示例：23022006 表示 2006 年 2 月 23 日
yyyymmdd	单列中的日期。时间另行提供。 示例：20060223 表示 2006 年 2 月 23 日
year month day	各列中的日期信息（任意顺序）。时间另行提供。示例：2006 02 23 表示 2006 年 2 月 23 日

表 16-11　支持的时间格式（列标签可能在上部、底部或混合情况）

列标签	说明
hh：mm	单列中的时间。日期另行提供。 示例：10：23 表示 10 时 23 分
hhmm	单列中的时间。日期另行提供。 示例：1023 表示 10 时 23 分
hour　minute	各列中的时间信息（任意顺序）。日期另行提供。 示例：10 23 表示 10 时 23 分

16.5　注释中的控制序列和函数

表 16-12　ODV 注释中的控制序列格式

控制序列	动作
~ $	切换到符号字体（希腊符号）
~#	切换到正常文本字体
~%	生成千分符号字符（‰）
~^	下一个字符绘制为上标
~_	下一个字符绘制为下标
&#<code>;	生成 Unicode 字符代码，代码可以是十进制（例如 169）或十六进制（例如 x00A9）

示例："~ $ S~#CO~_2 [~ $ m~#mol/kg]"生成"$\sum CO_2 [\mu mol/kg]$"，"© No Name"生成"© No Name"。

ΑΒΧΔΕΦΓΗΙϑΚΛΜΝΟΠΘΡΣΤΥςΩΞΨΖ

ABCDEFGHIJKLMNOPQRSTUVWXYZ

αβχδεφγηιφκλμνοπθρστυϖωξψζ

abcdefghijklmnopqrstuvwxyz

图 16-1　希腊符号和拉丁文对应词

表 16-13　ODV 注释中的可用自动函数

函数	替换文本
=date( )	当前日期
=time( )	当前时间
=user( )	用户和主机名
=collection( )	当前数据集的完整路径
=collectionName( )	当前数据集的名称（不包括扩展名）
=view( )	当前视图文件的完整路径
=section( )	当前断面文件的完整路径

16.6　网格化方法

ODV 允许用户将不规则间隔的原始数据投影到等距或非等距的矩形网格（用于等值线和图形显示或网格值输出），使用三种可用方法之一：快速网格化、加权平均网格化和 DIVA 网格化。

快速网格化是一种加权平均算法的速度优化方法，计算所有网格节点的估计值时只需一个循环就可遍历可用数据。快速网格化只用在其他算法速度太慢的情况下，比如需处理数百万数据点时。加权平均网格化使用更复杂的加权平均算法，并在数据覆盖良好且均匀的情况下产生良好的结果。加权平均网格化是默认的网格化方法。DIVA 网格化方法比其他方法更先进，计算成本更高，在准备出版物或网页的最终图表时，应始终使用 DIVA 网格。注意，等密度网格特性只适用于 DIVA 网格法。

16.6.1　加权平均网格化

与使用等距矩形网格的快速网格化不同，如果加权平均或 DIVA 网格化需要，ODV 可以构造并使用可变分辨率的矩形网格。在这种情况下，沿 x 和 y 方向的网格间距随数据密度而变化。在数据密度高的区域使用高分辨率(小间距)网格，而在采样稀疏的区域使用分辨率较低的粗网格。对于水文断面，通常在上部水体和边界流区域产生高空间分辨率，这些区域的数据覆盖通常较好，而在开阔海域和深海区域数据覆盖较稀疏，则会产生较粗分辨率的网格。

构造网格后，在每个网格点(+)使用一个简单的加权平均方案计算属性估计

$$c_e = \sum_i \alpha_i \cdot d_i / \sum_i \alpha_i$$

出于效率原因，只有来自网格点的一个小邻域的数据值 d_i 被用于求和(图 16-2)。权重 α_i 随数据点和网格点之间距离的增加呈指数下降：

$$\alpha_i = e^{-r}$$

式中，$r = \left(\dfrac{\Delta x}{L_x}\right)^2 + \left(\dfrac{\Delta y}{L_y}\right)^2$，在 x 和 y 方向分别取平均长度尺度 L_x 和 L_y。

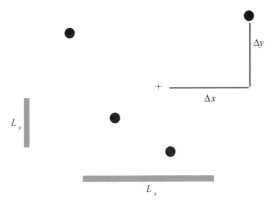

图 16-2 网格点(+)数据值的加权平均(黑色圆圈)

域中平均长度尺度的变化和本地网格间距成比例。因此，在网格间距较小的区域(网格分辨率较高，例如水体上部或边界流区域等)中使用较小的平均长度尺度，而在网格间距较大的区域中，会自动应用较大的平均长度尺度。这种长度尺度可变的方法允许在数据覆盖密集的区域解决小尺度特征，同时在其他数据分布稀疏的区域提供平滑稳定的场。在"Display Options"对话框中，用户提供的长度尺度 L_{x0} 和 L_{y0} 以各自轴范围的千分之一为单位进行度量，代表数据覆盖率最差的区域(最粗的网格)。ODV 实现的加权平均算法在速度方面是高度优化的，即使是对于有数千个数据点的场，也可以在几秒钟内实现场估计。

一旦获得所有网格点的估计值，该场就被着色和绘制等值线，并在屏幕上显示。

16.6.2 DIVA 网格化

DIVA 是列日(Liege)大学开发的网格化软件(http：//modb. oce. ulg. ac. be/mediawiki/index. php/DIVA)，与 ODV 内置的加权平均方法相比，它有很多优势。DIVA 以最优的方法分析和插值数据，与最优插值(OI)相当。与 OI 不同，DIVA 在构造和划分域进行场估计时还考虑海岸线和水深特征。在适用于特定网格域的有限元网格上进行计算。

生成有限元网格、优化分析参数和计算网格场所需的 DIVA 工具包含在 ODV 安装包中，在默认情况下，在 Z 变量数据窗口的"Properties>Display Style"对话框中，DIVA 网格选项是可用的。用户可以通过选择此选项并指定适当的 X 和 Y 方向相关长度尺度或选中"Automatie Scale Lengths"复选框来激活 DIVA 网格化。ODV 将自动创建 DIVA 操作所需的所有文件（在工作目录"<user>/diva/work/yyyy-mm-ddThh-mm-ss"下，此处"<user>"代表 ODV 用户目录，"yyyy-mm-ddThh-mm-ss"代表特定的 ODV 实例的创建日期和时间），依次运行 DIVA 网格生成和场估计，并读取 DIVA 输出用于 ODV 的场图形显示。

对于其他的网格算法，估计场的平滑度是通过在数据窗口属性对话框的显示样式页调整 X- 和 Y- 比例尺控制的。注意，长度尺度值是每个轴范围的千分之一，较大的值将导致平滑的场。其他的 DIVA 参数，如数据信噪比和网格域的设置方法（见下面的域分割）可在数据窗口属性对话框的 DIVA 设置页获取。注意，当 ODV 关闭时，DIVA 工作目录及其所有内容将被删除。

DIVA 熟练用户可以通过编辑 DIVA 设置文件"<user>/diva/diva.settings"来调整其他 DIVA 参数。

非负约束

加权平均法，例如快速网格法或加权平均网格法总是生成严格位于最小数值和最大数值之间的区间内的估计，这些估计值永远不会超过观测值范围。在这方面，DIVA 网格化是不同的，偶尔会产生超出数据范围的网格场值。作为一个特殊情况，可能会在 X/Y 域的某些区域遇到负网格值，即使所有的数据值都为正（或零），并且你期望的是非负场。如果正在网格化一个保证非负的变量（例如化学示踪剂的浓度），DIVA 生成负浓度区域，请检查 DIVA 设置页面上的"Prevent negative gridded values"复选框，以防止出现这种不切实际的值。

域分割

在稀疏和异构数据覆盖的情况下（见图 16-3），以及在具有完全不同属性值的子区域被陆块、海脊或其他海底障碍分隔的情况下（见图 16-4），DIVA 网格化通常比快速网格化或加权平均网格化产生更好的结果。尽管用于快速网格化或加权平均网格化的加权平均算法会错误地跨越障碍传递信息，但 DIVA 网格化不会发生这种情况。

对于以下两种类型的数据窗口，激活 DIVA 域分割功能：①在 Y 轴上具有深度或压力的断面图，并在图中显示断面水深；②在 X 轴和 Y 轴分别具有经度和纬度的数据窗口，数据集或等值面变量作为 Z 变量。注意，Z 等值面变量的表面变量必须是水柱中的深度或压力（见关键变量关联）。

（1）在断面图中，可以选择使用断面水深多边形用于区域分割，或者不使用区域分割，把整个 X/Y 窗口范围当作一个域（参见图 10-5 DIVA 设置页面）。

（2）地图中的域分割基于网格测深数据和深度阈值。所有比指定深度阈值浅的区域都被认为是障碍。ODV 允许选择一个适当的测深文件，该文件包含规则网格上的高程数据以及深度阈

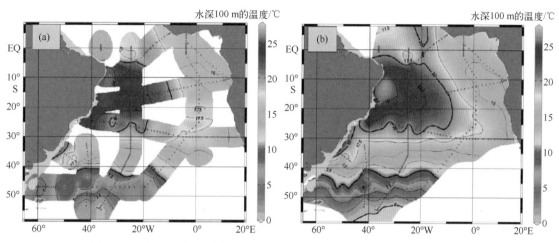

图16-3 数据覆盖不均匀场的加权平均(a)和DIVA(b)网格化方法的比较

值(参见图10-5 DIVA设置页面)。在默认情况下，ODV使用6′×6′二次采样的全球大洋水深图(GEBCO)(包含目录中的GEBCO1. nc文件)，它为海盆尺度或全球地图域提供了足够的分辨率(图16-3和图16-4)。对于非常小的域，默认测深文件的6′×6′分辨率对于可靠的陆块障碍检测来说过于粗糙，用户必须提供自定义测深文件。可以根据要求提供新的0.5′分辨率的包含区域子集的GEBCO_08测深文件。

　　自定义的测深文件必须为NetCDF格式，必须具有和"<install>/include/GEBCO1. nc"相同的逻辑结构，且必须位于"<install>/include"中(此处<install>表示ODV安装目录)。要为DIVA使用自定义的测深文件，请在窗口属性对话框的DIVA设置页面的"Domain Selection>Map"下选择该文件。

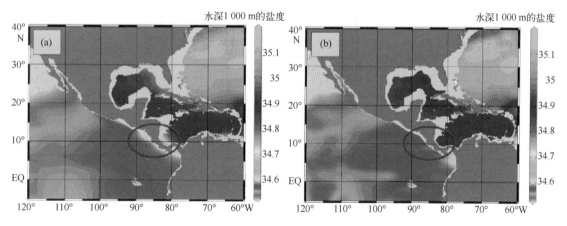

图16-4　加权平均和DIVA网格化方法在分割海洋盆地时的比较

注意加权平均网格化情况下，太平洋水深值对加勒比地区的影响

　　注意：如果选定的测深文件在给定域提供的分辨率不够，ODV会自动关闭域分割。

　　对于深度阈值，可以输入一个特定的深度值或关键字(自动)。如果使用(自动)，并且Z

变量是定义在深度或压力面上的等值面变量，则使用面上的深度（或压力）作为深度阈值。在这些情况下，ODV 需要能够识别深度（或压力）变量。请使用选项"option Collection>Identify Key Variables"，以确保关键变量水柱中的深度（m）[或水柱中的压力（db）]和用户指定的深度（或压力）变量相关联。如果等值面变量是使用关键字"first"定义的（例如 XXX @ Depth [m] = first），则使用自动深度阈值 1 m。

DIVA 执行时间比其他网格化方法稍长一些，尽管如此，应该始终考虑使用 DIVA 网格来制作达到出版质量的图形。

系统要求和故障排除：为了成功运行 DIVA 软件包，需要至少 2 GB RAM 的计算机。如果运行 DIVA，绘图窗口保持白色，请关闭其他应用程序释放一些内存，然后重试。

16.6.3　等密度网格化

水和其他成分在海洋中的输运沿着恒定密度（等密度）面最有效，在等密度面强烈倾斜的区域（锋区）沿笛卡儿坐标进行网格化是不合适的，并可能导致观测数据的严重失真。

例如，图 16-5 显示了 30°N 附近湾流区沿纬向断面的硝酸盐数据。（a）中的原始数据清楚显示了硝酸盐最大值是沿 $\sigma_0 = 27.725$ 等密度面分布的，在这一地区等密度面深度从海岸附近的约 300 m 加深到远离海岸的约 1 000 m。笛卡儿网格（b）不能在等密度面的整个深度范围内再现连续的硝酸盐最大值，特别是在 500 m 深度附近，由于近岸和离岸低硝酸盐水的影响，导致过小的估计。相比之下，等密度网格不会受到这种影响，并创建一个更真实的分布（c）。

等密度网格应始终用于等密度面强烈倾斜的区域，例如强流区和锋区。

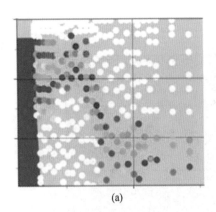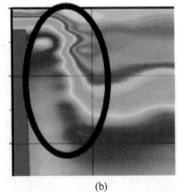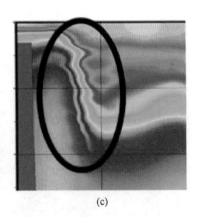

(a)　　　　　　　　　　(b)　　　　　　　　　　(c)

图 16-5　湾流区的硝酸盐原始数据（a）和笛卡儿网格（b）、等密度网格（c）的比较

用户可以通过选中"Properties"对话框窗口中的"Display Style"页面上的"Isopynic gridding"来请求在断面中使用等密度网格。注意，只有在定义了中性密度 γ^n 或位势密度派生变量并使用 DIVA 网格化时，此选项才可用。同时，在海洋的某些部分（例如北极）中性密度 γ^n 不可用，在这种情况下，使用位势密度变量代替。

如果水文测量数据质量不高时，等密度网格也可能产生不好的结果。仅对经过质量控制的数据集使用此选项，并确保通过应用适当的样本质量过滤器排除了异常数据。用于等密度网格的密度变量的值（定义的 γ^n 或首次定义的位势密度异常变量）严格单调地随深度增加（对于远离参考压力的位势密度变量，可能违反要求）也是至关重要的。建议始终使用中性密度 γ^n，在北极，未定义 γ^n，使用 σ_0。

16.7 ODV 目录结构

ODV 的默认安装目录，在 Windows 系统上是"c：\Program Files\Ocean Data View（mp）"，在 Mac OS 系统上是"/Applications/ODV"，在 Linux 和 UNIX 系统上是"/usr/local/odvmp"（如下所示的"<install>"目录，对于 Mac OS，Linux 和 UNIX 系统，在下面的路径说明中将"\"替换为"/"）。安装目录包含各种子目录，其中包含特定用途所需的文件。可以由用户修改的安装文件，如宏文件、调色板文件或样本数据集，安装在用户文档目录下的子目录 ODV 中（如下 <user>所示）。

下面是 ODV 使用的目录列表：

<install> \ bin_w32	Windows 平台，……或……
<install> \ bin_macx	Mac OS 平台，……或……
<install> \ bin_linux–i386	Linux i386 平台，……或……
<install> \ bin_solaris–sparc	SUN Solaris Sparc 平台，……或……
<install> \ bin_irix6.5_mips	SGI Irix 平台，……或……
<install> \ bin_aix–powerpc	IBM AIX powerpc 平台：ODV 可执行文件、工具和后记前导文件。
<install> \ coast \ GlobHR：	全球中等分辨率的海岸线和地形文件。
<install> \ doc4：	ODV html 帮助文件（从 ODV 网页可以获取 pdf 版本）。
<install> \ include：	ODV 包含文件的默认目录（例如 GEBCO1 全球地形）。注意，有几个包含特定文件的子目录。
<install> \ include \ atmhist：	各种痕量气体的大气浓度历史。
<install> \ samples：	ODV 样本文件目录。将这些文件用作数据导入或宏文件的模板。
<user> \ cmd_files：	ODV 命令文件（.cmd）。
<user> \ data：	ODV 数据集文件的基目录。虽然 ODV 数据集原则上可以存储在读写（硬盘、U 盘等）或只读（DVD、CD–ROM 等）存储介质上的任何地方，但建议在此目录下维护数据集。每个数据集都应该存储在它自己的子目录中。

<user>\diva：	DIVA 工作目录（仅当使用 DIVA 时存在）。
<user>\export：	通过"Export>X，Y，Z Window Data"导出数据集的基目录。
<user>\gazetteers：	ODV 地名词典数据库文件。
<user>\macros：	ODV 宏文件（.mac）。
<user>\palettes：	ODV 模板文件(.pal)。
<user>\reference：	通过"Export>X，Y，Z Window Data as Reference"导出的参考数据集基目录。

致　谢

ODV 软件推出后，许多用户提出了意见、建议和错误报告，从而帮助 ODV 成为更加稳定而实用的产品。在列日 (Liege) 大学 Jean-Marie Beckers 的帮助下，将网格化软件 DIVA 集成到 ODV 中。Stephan Heckendorff 和 Michael Menzel 也对 ODV 代码做出了重大贡献。这包括将导入例程移植到 ODV 4，实现 SDN 文件聚合工具，创建 xview 功能以及添加对 ESRI shapefile 的支持。根据赠款协议 n° 283607、SeaDataNet 2，21384、EPOCA 和 264879，本产品获得了欧盟第七框架计划 (FP7/2007—2013) 的财政支持，感谢 Carbo Change。